和爱犬一起生活

贵宾犬

日本爱犬之友编辑部◇编著　　邓楚泓◇译

河北科学技术出版社

再多吃两口，
真想快快长大呢！

最引人瞩目的就是鼻子周围和脚上银灰色的被毛，这些被毛在幼犬期就开始生长。

我又调皮啦！
你要替我向妈妈保密哟！

小贵宾蹦蹦跳跳、活泼爱动，可爱的垂耳也会随着身体一左一右地摆来摆去。

虽然只能看见一点点，但是我还是能够感受到这个世界的光亮！

出生后第三周。

在这里人家才最安心！

陪我一起玩耍！
不要睡觉啦……

嘿嘿嘿，想到了一件好玩儿的事情！

贵宾犬能够很快地记住主人教它们的东西，喜欢尝试有趣的事情，具有很强的学习欲望。

早安哟！早晨的太阳太刺眼啦！

今天和谁一起玩呢？

被主人抱着最安心啦!

极具人气的红毛贵宾犬，幼犬期毛色近似砖红色，是一种比较深的红色。

好想去散步呀！主人快带着我去吧！

目　录

第1章　贵宾犬的魅力

人气榜第一名！带你感受贵宾犬的魅力。

第2章 饲养前的准备

幼犬的鉴别、挑选、用品准备、心理准备。

第3章 幼犬的饲养

维护感情、玩耍、交流的必须项目。

第4章 成年犬的饲养

健康地度过春夏秋冬。与贵宾犬一起生活的技巧和要点。

第5章 和爱犬一起生活

为贵宾犬营造更加丰富多彩的生活！

采访、摄影助理：三本正子

贵宾犬犬舍KEIHINMIMOTO代表，喜爱贵宾犬已有50余年，在长年从事贵宾犬的繁殖及参加犬展的过程中积累了很多经验。1980年成立JEANPIERRE宠物美容店及JEANPIERRE宠物医院，培育出了很多名犬，犬舍历史悠久。

KEIHINMIMOTO：http://homepage2.nifty.com/KEIHINMIMOTO/KMindex.html

日本原版图书工作人员

摄影：坂口正昭

编辑：大野理美 中岛奈奈

文字：保田明惠

设计：瞬·设计工作室

插图：Nobby

第1章

贵宾犬的魅力

无与伦比的可爱和出人意外的聪颖。
修剪被毛，体现独特个性。
那么贵宾犬的魅力究竟是什么？

贵宾犬的魅力是什么

为什么贵宾犬是日本最受欢迎的犬种？

为泰迪修剪造型而带来的巨大热潮

将贵宾犬的被毛修剪成极具层次感的可爱造型，是形成贵宾犬饲养潮流的主要原因。日本人对贵宾犬被毛修剪的方法，突破了传统的修剪造型方式，将贵宾犬最可爱的样子表现得淋漓尽致。虽然贵宾犬的被毛颜色丰富，但可能由于红色的贵宾犬更像泰迪熊，所以选择饲养红色贵宾犬的人是最多的。

前往宠物店给自己的贵宾犬做造型，享受不同风格带来的快乐，这种乐趣也许只有饲养贵宾犬的人才能体会得到吧。

人们只要开始饲养贵宾犬，就会很快喜爱上它们。它们就像长期和贵族妇人生活在一起的公子一样，优雅可爱、活泼聪明、身姿轻盈，相信会有越来越多的人深深爱上贵宾犬的。

在2008～2012年日本饲养犬类的登记中，贵宾犬的饲养数量始终保持在第一位。

性格 头脑机灵、活泼可爱

性格开朗直率，惹人喜欢

贵宾犬喜欢用两条腿跳来跳去，外形非常惹人喜爱，温顺的性格也让人心生好感。

贵宾犬之所以能够一直受到人们的青睐，应该和它的这种性格有很大的关系。

在国外，贵宾犬曾活跃在马戏团中，因为它们可以很轻松地掌握训练动作，而且对人们的指示也很服从，即便在很多观众面前，也能大方地表演。

因为贵宾犬非常聪明，和它们交流起来也很容易。饲养过贵宾犬的人都明白，随着和贵宾犬的感情越来越深，不知不觉中，它们已成为饲养者生命中不可或缺的伴侣。

外表　讨人喜爱的气质

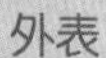

小小的身体透出无与伦比的可爱

贵宾犬最具魅力的地方就是它那一身美丽的被毛。柔软卷曲的被毛总能体现出一种可爱的感觉，透露出一种贵族气质。在它美丽的被毛下，还拥有修长、均匀的身形，再加上优雅而富有知性的面容，更是让人爱不释手。

近年来，喜欢小型贵宾犬的人越来越多，但是体型过小的贵宾犬会给人体格不够强壮的感觉，而且在健康方面也容易产生问题，如容易得脑积水、内脏疾病以及低血糖等疾病。最近几年比较流行的玩具贵宾以及茶杯贵宾指的就是这些非常小的贵宾犬。

运动能力 具有胜任马戏团演员的良好身体素质

幼犬期

喜欢玩耍，一起玩耍和单独玩耍都可以

对于喜欢撒娇的幼犬而言，可以通过玩玩具消耗它们身体的能量。它们通常好动爱斗，如果没有时间带它们散步，可以通过这种方式帮它们运动，而且玩橡胶玩具还能避免其成年后牙痛。

成犬期

为了防止过度肥胖，要保证充足的散步时间

贵宾犬不是特别容易肥胖的犬种，但是如果运动不够或者饮食管理不科学，还是会变肥胖。一般来说，每天进行两次30分钟左右的散步是最合适的。让它们保持合适的体重，它们才能永远保持活泼快乐的状态。

轻盈动作，能够给人们带来快乐

身体轻盈，动作轻快，这也是贵宾犬的魅力之一。当贵宾犬跳跃的时候，两条腿像弹簧一样，非常灵活，这种可爱的的样子非常惹人喜爱。特别是幼犬，有时一不留神它们就会跳出笼子。

贵宾犬是具有较好身体素质且活泼开朗的小型犬，虽然小型犬不需要特别多的运动，但也不能偷懒不带它们散步。对于大多时间在房间内活动的贵宾犬而言，散步能够让它们活动身体，愉悦心情。所以，如果有时间，请尽量带上狗链，和它们一起去公园散步吧。

被毛颜色丰富多彩

贵宾犬被毛颜色多种多样，哪款是你最中意的呢？

Red
红色
活力满满的砖红色

非常适合修剪成泰迪的造型，给人可爱健康的感觉，是最受欢迎的一种颜色。红色贵宾犬的进化时间比较短，体格和毛色有时会不稳定，比较黏人，有点嫉妒心。

性格各异，毛色多种多样

贵宾犬的被毛颜色（毛色）有十几种，非常丰富。从品种的角度看，黑色和白色是最原始的颜色，后来出现了棕色，随着不断的育种交配，颜色也变得越来越多了。

目前，在日本人气最高的就是红色贵宾犬，如果您最开始饲养的就是红色贵宾犬，我相信您一定会被它们彻底迷住。现在选择黑色、白色等原色以及接近原色的品种作为第二条爱犬的朋友也多了起来。除了黑色和白色品种以外，其他颜色贵宾犬的毛色会随着年龄的增长而变淡，看着它们的毛色慢慢变化也是饲养贵宾犬的乐趣之一。

如同棉花般的白色是贵宾犬的传统颜色，历史非常悠久，而且进化得比较彻底，在成长发育的过程中不会产生不稳定的情况。它们非常自信，头脑也很聪明。主人通常将它们修剪成传统的造型。

白色 White 高贵的纯种白色

Black 黑色

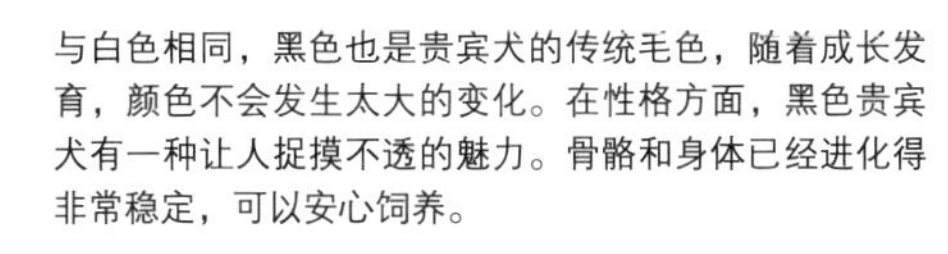

与白色相同，黑色也是贵宾犬的传统毛色，随着成长发育，颜色不会发生太大的变化。在性格方面，黑色贵宾犬有一种让人捉摸不透的魅力。骨骼和身体已经进化得非常稳定，可以安心饲养。

令人着迷的黑色

银色 Silver

散发出高贵气质的耀眼银色

幼犬期的毛色近似黑色。小的时候脚垫和鼻子尖是白色的，随着年龄增长，颜色会逐渐变成气质高贵的银色。与白色和黑色品种相同，都属于被毛密度比较大的犬种。

淡淡温和的颜色

米色 Beige

与棕色属于同一色系，只是颜色的浓度有所不同。淡淡的颜色给人一种非常温和的感觉，具有独特的魅力。这种颜色总是让人感到非常温暖，这也是它们的特色之一。

全身被毛颜色非常均衡

深咖啡色

café au lait

给人充满活力的印象。与黑色品种相同，具有不可思议的性格魅力。深咖啡色和棕色犬种的眼睛都是琥珀色，鼻子是茶色，与身体被毛的颜色搭配得很好。整个身体的配色和谐完美。

3个黑色系品种的区分方法

在黑色系的品种中，最容易混淆的就是黑色、银色和蓝色。银色品种在刚出生时与黑色品种基本相同，但二者可以通过脚垫和鼻子的颜色进行区分，因为银色品种的脚垫和鼻子在出生时是白色的，但身体是全黑色的。贵宾犬中还有一种蓝色的品种，它们在幼犬期和黑色品种完全相同，没有特别明确的区分方法。随着成长，如同墨汁一样的黑色会逐渐变淡，并慢慢从黑色中透出一点蓝色。

黑色的贵宾犬：全身都是黑色，并且一生都不会发生变化。

银色的贵宾犬：鼻子周围和脚垫上的毛色是区分它们的重要标志。

了解犬种的标准

那些获得犬展冠军的完美贵宾犬究竟是什么样子的呢？

了解犬种的标准，才能更好地欣赏爱犬的魅力

犬种的标准就是对某个犬种的纯种血统应该有的外表、性格、姿态等方面的规定。不同的犬种协会制定的犬种标准也是不同的，在日本最具有权威的协会就是JKC（日本犬业俱乐部）。

犬种标准会对各个犬种的身形、尺寸、毛色、身体各部位的形状以及性格、姿态等进行非常详细的规定。纯种血统的狗都是非常符合犬种标准的。

不论是哪一种犬，都会在精心繁殖和培育过程中逐渐形成一种标准。如果不注重犬种的标准，犬种的形象就会逐渐崩塌。

JKC的犬种标准

标准外貌

贵宾犬拥有优雅、气派的姿容，整体体型呈匀称的正方形，用标准方法修剪被毛的贵宾犬具有独特的高贵气质。由于贵宾犬有多种修剪造型，因此在外表上会有些许差异，但是对于犬种标准而言，富有知性且气质优雅是它们固有的姿态。

习性、性格

聪明、活泼、听话、有表现欲。

头部

●头盖部

・头盖骨：呈圆形，大小恰到好处。

・眼睛：双眼之间的距离适中，呈杏仁状。

・口鼻：口鼻较长，线条美丽；眼睛下方有浅浅的沟痕，看起来富有力量。头盖骨和口鼻部分等长（大小比例一致）。

・唇部：唇部紧绷。

・耳朵：耳朵与眼睛高度相同，有的也会低于眼睛。耳廓沿着头部的弧线下垂，整体比较厚实。耳垂又长又宽，上面覆盖着很多装饰毛。

胸部

胸部比较宽。

四肢

●前肢

骨骼和肌肉厚重，从肘部开始可以伸直。

●肩部：具有一定的弧度。

●足部：呈现圆形，非常结实。

●步态：步态有力且灵活轻盈。

保持犬种标准，使其继续延续犬种的血统，这对犬种的发展是非常重要的。特别是贵宾犬，它有很多不同的尺寸和被毛颜色，如果不能保持其良好的血统，随着不断繁衍，会出现很多微妙的变化，久而久之，就很难保证血统的纯正了。

对于一般的狗狗主人而言，他们有时候并不在意爱犬的血统是否纯正。但是，如果问他们贵宾犬的魅力在哪里，他们往往也能清楚地表达出来，如贵宾犬富有知性，聪明，嘴唇通常比较紧绷，胸部比较宽。随着我们对贵宾犬细节特征的深入了解，会逐渐明白那些曾为贵宾犬的育种工作做出贡献的人们所付出的努力，并对这一犬种产生更深的感情。

贵宾犬的4种不同尺寸

以前，JKC只将贵宾犬分为标准型、迷你型、玩具型3个类型。而从2004年开始，又增加了中等型。标准型和玩具型贵宾犬在大小上有明显的差别，但是外表完全相同。

根据饲养数量排序，玩具贵宾犬在日本具有压倒性的人气，之后依次是标准型、迷你型以及中等型。

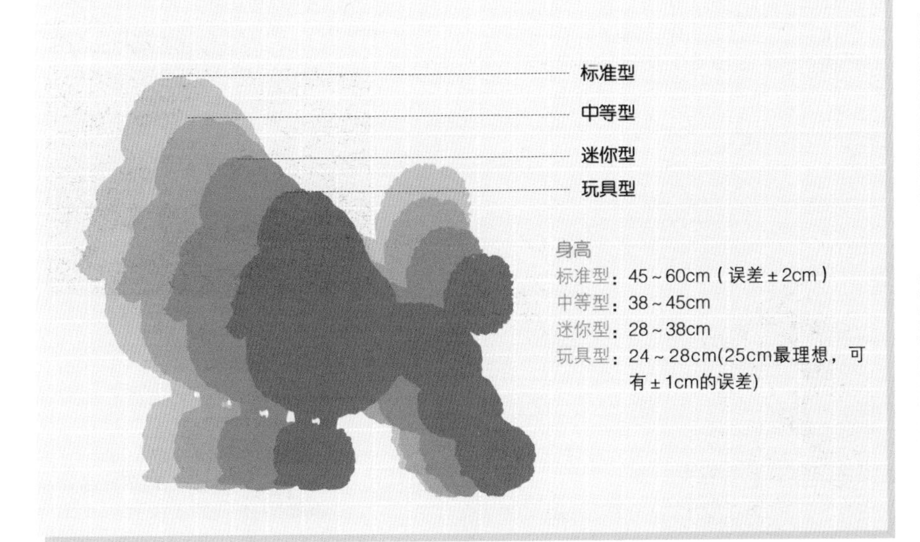

修剪重要的部分，形成独特的造型风格

贵宾犬的传统修剪方法是用理发器修剪出独特的造型。由于贵宾犬曾经是水猎犬，工作是搬运那些被猎人击落的水鸟，这种特殊的造型可以使它们在水中活动更方便。为了保持体温，一般在关节和心脏部分留有被毛。

后来，法国的贵妇将它们视为宠物，大批的宠物美发师也随之登上了历史舞台。宠物美发师最早就是专门给贵宾犬修剪造型的。

能够参加犬展的造型叫作赛级造型。JKC（日本犬业俱乐部）中规定的赛级造型包括欧陆型、英国马鞍型以及出生12个月以内的幼犬型3种。

Show Clip

赛级造型

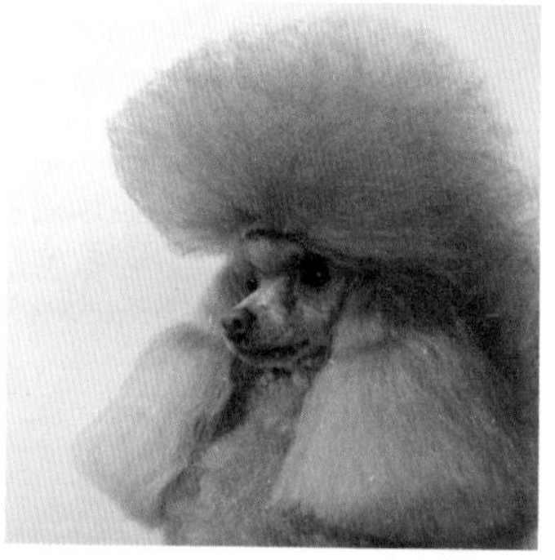

修剪造型后的贵宾犬才符合犬种标准

修剪成赛级造型可以更加凸显贵宾犬的高贵气质。对脸、腿、尾巴等部位进行修剪的造型为幼犬型；修剪脚的前部，留出脚踝处被毛的造型为欧陆型；将后腿修剪成两段的造型为英国马鞍型。

宠物修剪

Pet Cut

让宠物贵宾犬风靡世界的修剪方法
人气最旺的泰迪造型

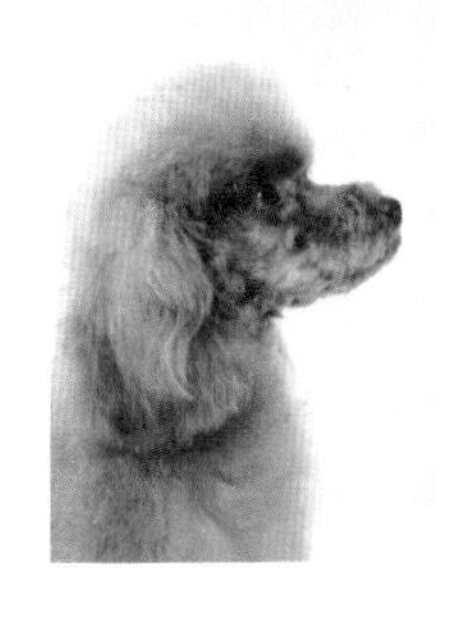

修剪得像毛绒玩具一样，让人忍不住想抱一下

一直以来，贵宾犬的幼犬型造型具有很高的人气。这种造型完整保留了贵宾犬全身的被毛，再将身体修剪成毛茸茸的圆形轮廓，人们将其命名为“泰迪造型”。这个名字非常贴切，因为修剪好的贵宾犬像泰迪熊一样可爱，是狗狗主人们最喜欢的一种造型。但是同样的修剪方法，如果将被毛的长度和厚度稍作改动，产生的效果就会完全不同，可以让人感受到变化无穷的乐趣。使用理发器修剪脚和脸上的被毛，打造出经典的犬展造型也是很常见的。

像贵宾犬一样可以修剪出多种造型的犬种，除去贵宾犬再也找不出第二种了。在宠物美容沙龙中，造型师不仅会显示他们的高超技艺，还会给您提出很多有趣的建议。

深受贵妇喜爱的魅力犬种

贵宾犬的起源决定了它能够成为首屈一指的人气犬种。

深受法国贵妇的喜爱，逐渐开始小型化的繁衍

现在基本可以确定贵宾犬起源于法国，但也存在德国起源和俄罗斯起源的说法。在古罗马遗迹的一些绘画作品中，我们发现了类似贵宾犬的犬类，虽然不能确定它们究竟是不是贵宾犬，但贵宾犬在远古时期确实就已经存在了。

目前已经能够明确贵宾犬起源于欧洲国家。它曾经作为水猎犬帮助猎人捡回被打落的水鸟，为了防止进入水中后被毛阻碍行动，人们开始给它修剪被毛，于是便形成了贵宾犬最具特色的修剪方法。此外，作为表演犬，贵宾犬也曾在马戏团中大放异彩。

贵宾犬于16世纪传入法国，深受法国贵妇的喜爱，之后它的人气就开始在全世界蔓延。作为宠物犬种，它非常容易饲养，后来逐渐诞生了较小尺寸的品种，也就是现在体态较小的玩具贵宾犬。

玩具贵宾犬的基本特征

- 原产国：法国。
- 犬种名称：puddle，来自德语pudel，意思是“跳跃着迎水前进”。
- 尺寸：身高24 ~ 28cm（25cm最理想，可有± 1cm的误差）。

体型呈匀称的正方形，气质优雅，流露出高贵的气息。

法国贵妇特别喜爱气质较好的宠物贵宾犬。精心修剪出造型后，再配上饰品，更有一种无法言喻的可爱。当时善于修剪造型的宠物美发师在宫廷中也是极受欢迎的。

最近的流行趋势

受泰迪造型的影响，具有圆圆的眼睛和塌鼻梁的婴儿脸贵宾犬成为潮流

眼睛两端尖尖的好似榛子，口鼻向前伸长是玩具贵宾犬的特征。但是最近人们却更加喜欢具有圆圆的眼睛和塌鼻梁的婴儿脸贵宾犬。体格较小的玩具贵宾犬更是大受欢迎，它们一般头部较小，耳朵不是从头顶一直下垂，而是从头部两侧向外扩展，这个品种的数量正在逐渐增多。

专家的标准和大众喜爱的标准不完全相同。

轻松饲养多条贵宾犬

随着饲养数量的增多，能够发现狗狗不同的个性和意想不到的另一面，非常有趣。

迎接新的爱犬进入家庭并快速适应

我们经常看到有人带着好几条贵宾犬散步，却很少看到贵宾犬之间互相争斗。玩具贵宾犬非常容易和其他狗狗共同生活，所以即使领养好几条也不会发生太多的冲突。此外，玩具贵宾犬不爱叫、味道不大、脱毛也比较少，因此对于饲养人来说，饲养多条贵宾犬是比较容易的事情。同时，它们也能很快适应和其他犬种的共同生活。

轻松饲养多条贵宾犬的前提条件是，对第一条贵宾犬的喜爱不能减少，这也是饲养多条的成功秘诀。红色被毛的贵宾犬容易吃醋，因此在饲养的时候，要花更多的时间陪伴它。

饲养多条狗狗时，最先饲养的那条是否会嫉妒？

当有新的爱犬进入家庭的时候，最先来的那条贵宾犬有可能会在上厕所的时候调皮，而且变得像幼犬时那样爱发脾气。为了消除这种嫉妒心理，并使它们和主人的感情更加深厚，主人要花费更多的心思来精心呵护它们。

相同犬种，还是不同犬种?

性格非常开朗，也比较容易和其他犬种一起生活

性格开朗的玩具贵宾犬即使和其他犬种一起生活，也能够在短时间内适应，因此无论是相同的犬种，还是不同的犬种，它们都能够和平相处。但是，对于那些不太合群的柴犬、吉娃娃、法国斗牛犬等犬种，想将它们和贵宾犬共同饲养的时候，要好好考虑一下性格上的搭配。

选择雌性，还是雄性?

饲养多条贵宾犬时，与其说考虑性别，倒不如说考虑性格，可以减少冲突

因为贵宾犬的性格中没有特别强的攻击性，所以即使相同的雄性贵宾犬在一起生活，也不会经常打架。如果是没有做过绝育手术的雌性贵宾犬，在发情期多少会有些不淡定，但这也是正常的。除此之外，基本上不用特别考虑性别的因素，贵宾犬大多时候都能够和平地生活在一起。因此，当我们想再饲养一只贵宾犬时，与其考虑性别的差异，不如考虑个体性格的差异。

选择年龄相近的狗狗好吗?

年龄差多大为好不能一概而论

我们经常看到年龄相同或者相近的贵宾犬融洽地生活在一起，但当年龄相差过大时，或多或少都会产生一些代沟，所以需要提前了解它们的关系变化。如果性格相合，即便年龄差较大，它们也能相互适应。

独居或者没有养狗经验的朋友也能饲养

即使是第一次养狗，饲养贵宾犬也完全没有问题。

贵宾犬的性格和体质适应多种居住条件下的饲养

玩具贵宾犬的人气在日本从来都没有减弱过，因为谁都可以轻松饲养它，尤其适合作为家庭宠物犬饲养。贵宾犬非常聪明，学习能力强，即使是初次饲养，也能轻松上手。

贵宾犬适合饲养在家庭公寓中，在小型犬饲养潮流始终兴盛的日本，玩具贵宾犬是最受欢迎的。首先，它不爱掉毛，即使家人是过敏体质也不会有太大的问题；其次，贵宾犬没有特别浓烈的体味，不易招致反感。

玩具贵宾犬不喜欢乱叫，这也是它招人喜爱的原因之一。它的祖先是水猎犬，普通猎犬在追逐猎物时通常会一边叫，一边追逐，但是玩具贵宾犬主要负责把猎人击落的水鸟取回，如果乱叫，猎物就会从口中掉落。

贵宾犬能感受到家庭的气氛，家人和爱犬相处和谐

玩具贵宾犬能够感受到不同生活环境的气氛。

如果家中有老年人，它们就会变成乖巧的陪伴犬。如果是和孩子共同生活，它们也会变得非常活泼。在领养时，狗狗性格是非常重要的参考因素，要选择和自己家庭习惯相匹配的狗，让家庭更加和谐。

贵宾犬有不同的体型大小，体重一般是2~4kg，红色贵宾犬体重是1~5kg。如果居住的地方比较小，可以选择体型较小的品种；如果希望贵宾犬可以陪伴我们一起玩耍，可以选择较大的品种。总之，要根据居住环境的大小和生活方式选择狗狗的体型。

现在很多地方都有可以和爱犬共同玩耍的娱乐设施，而且贵宾犬可以放在包中，带它们外出非常方便。

给贵宾犬做造型或装扮都很有趣

玩具贵宾犬的被毛颜色丰富，很适合希望把爱犬打造得非常时尚的主人。可以根据贵宾犬的颜色尝试各种不同风格的造型，充分展现主人的个性。现在最流行的就是泰迪熊造型，还可以根据爱犬的情况变化细节，使它们适应不同的场合。

传统的贵宾犬造型可以体现贵宾犬的高贵气质。

每天都要给贵宾犬梳理被毛，这样被毛就会变得非常顺滑光亮。

可以和孩子一起生活吗？

贵宾犬的性格特点是会听从别人的教导。它们不会有欺负孩子的心理，往往会表现出率真开朗的性格，和孩子和平相处。它们身体素质好，是陪同孩子玩耍的最佳伴侣。但要特别注意的是，贵宾犬喜欢跳跃，刚刚接触狗狗的孩子可能会被它们的动作吓到，甚至可能会将孩子撞倒。这时我们要发出“坐下”的指令，直到狗狗没有那么兴奋为止。

专栏 1

教育爱犬虽然辛苦，但也充满快乐

有的朋友在领养幼犬后，马上就把它们送到幼犬教室或者幼犬幼儿园，因为他们觉得幼犬在这里可以更快地吸收新鲜事物，这种考虑和心情可以理解，但还是建议您不要这么着急。其实把幼犬接回家后，最重要的是让幼犬和主人形成信赖关系。刚刚来到家里的幼犬对家庭成员和邻居都是陌生的。在与主人每天相处玩耍的过程中，它们不知不觉就会明白应该听从“这个人”的指挥。但如果把尚未形成这种意识的幼犬送到幼犬教室学习，它们往往会把老师和主人弄混淆。即使是相同的指令，它们可能会更服从于教室老师。

对于教育幼犬没什么信心的朋友，我建议你们先尝试使用自己的方法教育幼犬。最开始的1～2个月会比较吃力，也可能经常失败，但是随着时间的推移和训练的重复，幼犬便能逐渐掌握所学内容的要领并产生记忆。教育幼犬虽然辛苦，但这也是饲养犬类的重要步骤之一。

在此之后，如果还有问题，我们可以请求专业人士的帮助，也可以通过对比专业人士的教育方法，寻找我们教育过程中存在的问题。

饲养前的准备

小狗就要来我家啦!
不但要准备好东西，还要做好心理准备，
让我们一起了解一下吧。

成功挑选幼犬的要点

和爱犬的幸福生活从正确选择幼犬开始。

通过亲眼看、亲手摸判断狗狗的好坏

如果用一句话概括幼犬的特点，那就是充满活力且性格开朗。性格活泼、动作敏捷是贵宾犬本身就该有的魅力，天真无邪的幼犬更会充分表现出这个特点。可以选择初见时看起来比较活泼好动的幼犬。能和刚刚认识的人一起调皮地玩耍应该就是一条不错的幼犬。此外，有些幼犬开始比较害羞，但和人们一起生活的时间长了，开朗的性格就逐渐显现出来了，所以在选择的时候不必过分谨慎。

同时，我们还需要确认幼犬是否健康，可以参考本书第一章介绍的贵宾犬的标准，认真检查它身体的每一个部分，这样就能知道自己选择的幼犬未来能否成长为一条漂亮端庄的贵宾犬了。

选择幼犬是决定我们和贵宾犬能否共同生活的第一步。所以，千万不能因为想尽快和狗狗一起生活而盲目选择。一定要亲眼看一看，如果认定了它，就果断做出选择吧！

是选择雌性还是雄性？

不知为什么大多数人在选择玩具贵宾犬时，都会选择雌性的狗。我想或许大家觉得女孩子更容易养吧。其实我们可以把雄性和雌性贵宾犬的性格同幼儿园大班里男孩和女孩的表现进行对比。雄性贵宾犬有时比较害羞，性格比较温柔。雌性贵宾犬比较聪明，并且较为早熟。这些都可以作为幼犬选择的参考。

只是因为贵宾犬人气很高就选择饲养是不对的

玩具贵宾犬是最有人气的犬种，但是我们不能因为大家都饲养就跟风饲养。不同的犬种不仅外貌各不相同，性格和特长也各不相同。我们要根据自己的实际情况和需求，选择最适合自己的犬种。

容貌姿态　挑选优秀幼犬的方法

耳朵

翻开耳朵，确认是否干净

观察左右两只耳朵的大小是否一样，翻开耳朵看看是否干净，耳内比较脏、发臭、总是自己去挠的狗狗不要选择。

眼睛

了解心理状态的晴雨表

人们经常会把眼睛比喻成心灵的窗户，感情丰富的幼犬通常会有一双光彩有神的眸子，不要选择眼底浑浊、翻白眼的幼犬。

尾巴

充满活力地甩着尾巴来到你身边

如果尾巴下垂在两腿中间，或者直立不动，就要确认一下它的性格是否良好。

鼻子

鼻尖湿润有光泽

幼犬起床后，鼻尖应该略微湿润并有一定的光泽。如果流鼻涕或者鼻子太干燥，我们就需要注意了。

屁股

没有粪便，并且保持干净

若肛门周围有黏稠的粪便，有可能是得了传染病而引起的腹泻。

被毛

手感好，有光泽

被毛没有污垢，非常有光泽。如果被毛粗糙打结，有可能是患有皮肤病。

口

牙龈和舌头都是漂亮的粉红色

我们可以把狗狗的嘴打开，确认它们的牙龈和舌头是否为漂亮的粉红色。如果有异样的发红或口臭等症状，就说明有健康方面的问题。

脚

跳跃能力强，腿脚有力量

奔跑时有力量，能做出玩具贵宾犬经典的跳跃动作，步态协调平衡。

轻松了解性格的小测试

我们可以对着一窝刚生出来的幼犬拍手，注意观察它们的反应。反应最快的是比较强势的幼犬，有的会悠闲地走过来，有的则会向后退。

能否温和地接受教育

翻转幼犬，使它们的肚皮朝上，看它们是耐心地接受，还是吵闹后慢慢变得安静顺从，或是一直吵闹着想咬人，这样也可以判断出它们的服从性。

把幼犬高高举起，看它们是否会吵闹

将幼犬由屁股向上抱到胸前，此时需要距离地面一定的高度。看它们是服从，还是吵闹，这个测试可以了解它们的服从性。

逃走后又回来的幼犬有好奇心吗？

可以尝试在幼犬附近发出较大的声响，看它们是完全没有行动，还是逃跑之后再回来确认，或者逃得远远的。通过这个测试，我们可以知道幼犬是否有神经质。

选择性格开朗、活泼的幼犬

玩具贵宾犬属于比较容易饲养的犬种，但是也有性格不好的幼犬。例如，有的幼犬会显得唯唯诺诺，如果不认真教育，就容易发生乱叫等情况，这样就难以融入人类社会。所以，如果是初次饲养，我建议您选择性格开朗的幼犬。

当我们发出“过来”的指令时，能快速跑过来的就是具有良好社交性格的幼犬；如果眼睛放出光芒，并且一边闻气味，一边走过来，就是具有好奇心的幼犬；如果始终躲在角落里没有行动，则是性格比较内向的幼犬。

在选择幼犬时，尽量请宠物商店的工作人员为我们展示一下幼犬的进食情况。如果狗狗食欲比较旺盛，就说明它拥有较强的生命力，基本上可以顺利地长大。

确认购买渠道是否可靠

购买幼犬的渠道有很多，但不管怎样，都必须亲眼看到想要购买的幼犬。尽可能详细地确认出狗狗的健康情况以及性格是否符合自己的喜好。

类似带回家没多久就死亡了、说是纯种血统而长大之后却不像贵宾犬的情况并不少见。如果在咨询时，卖家觉得我们的问题非常麻烦，我们就要留意卖家的信誉了。在确认购买渠道非常可靠的情况下，还要明确幼犬发生死亡时应该如何补偿、是否具有遗传疾病、父母的性格如何等问题，以免事后后悔。因此建议您在购买时最好选择值得信赖的渠道，特别要对以下4个方面进行确认。

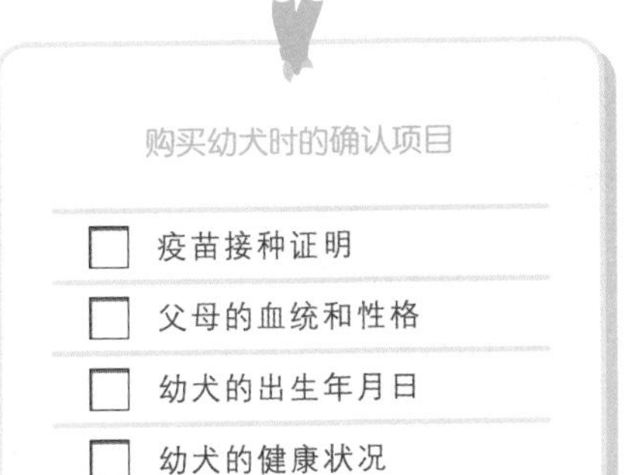

购买幼犬时的确认项目

- [ ] 疫苗接种证明
- [ ] 父母的血统和性格
- [ ] 幼犬的出生年月日
- [ ] 幼犬的健康状况

※ 需在有信用、销售业绩良好的卖家购买幼犬。

选择购买方法

在狗舍购买

若在狗舍购买，我们可以亲眼看到贵宾犬繁殖的地方，从而了解幼犬的生活环境等相关信息，这是其优势。此外，还要确认狗舍工作人员对幼犬的照顾状况，以及是否对幼犬进行了训练等情况。

从宠物商店购买

宠物商店大多位于街边，去那里购买狗粮和宠物用品很方便。如果您对选择幼犬有疑问，或者希望看到不同的犬种，可以去宠物商店。要选择有经营许可证的正规商店，而不是只想着把幼犬卖出去的商店。

通过网络购买

在网络上，我们可以从众多备选中选择自己最喜欢的幼犬。当然最好还是亲眼看一下幼犬的状态。此外，我们也要确认卖家的实际销售以及诚信等情况。

幼犬到来之前需要做些什么

做好和幼犬一起生活的心理准备了吗？物品都准备好了吗？

以必需品为中心

在幼犬来到家里之前，先将食物、餐具、尿片等基本用品备齐。同时，也需要准备舒适的狗笼。与其一开始就买齐所有用品，不如根据幼犬的性格和家庭生活方式，逐渐添置其他所需用品，这是更明智的做法。比如，不同的幼犬喜欢的玩具不同，我们希望幼犬学习的动作不同，所使用的玩具也不相同。

心理准备也是必需的。家庭成员之间要明晰照顾幼犬的工作分工，教育方法也要统一，当家庭成员都做好心理准备的时候再把幼犬接回家。

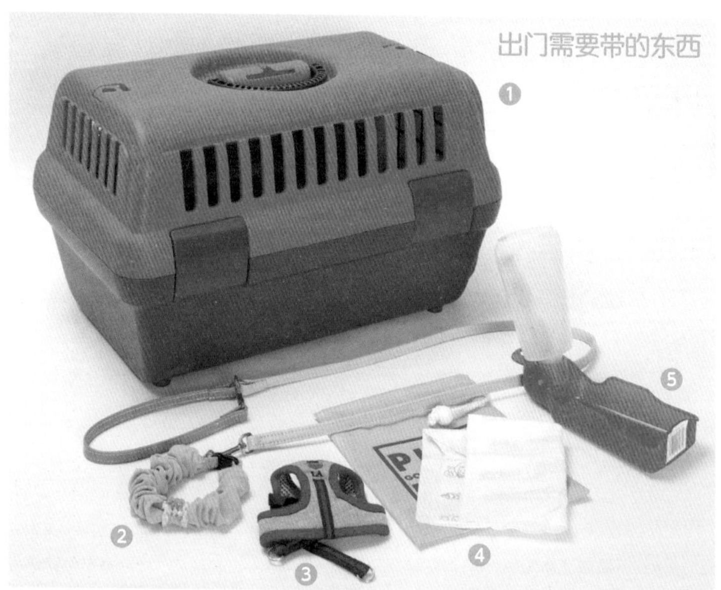

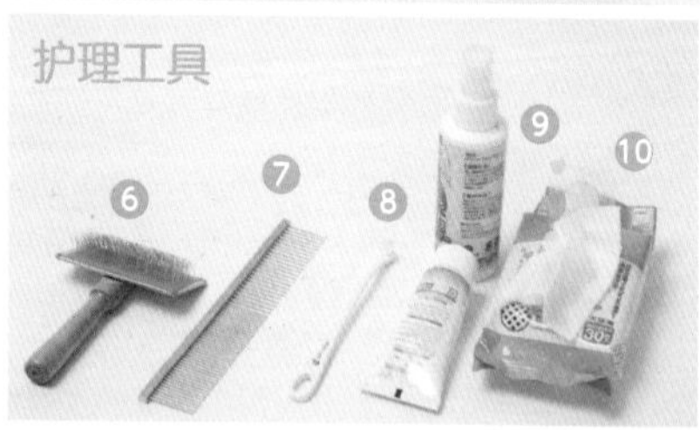

●如图所示，这些是外出时需要带的物品。图片上侧是便携式笼子。虽然幼犬还不需要梳理被毛，但是为了让它们尽早适应，建议您尽早使用。

●毛刷、梳子、牙刷、牙粉、专用护理湿巾。

迎接幼犬之前需要准备的物品

❶ 便携箱（硬）

去医院或者外出时，可以方便地将幼犬放到里面，也可以使用帆布袋。但建议给幼犬使用较坚硬的便携箱，这样更安全。

❹ 粪便袋

爱犬在房间内时最好有专门的厕所。在室外时，使用粪便袋清理狗狗的粪便很方便。使用时将粪便袋翻过来，套在手上处理粪便，这样既不会弄脏双手，也方便处理。

❻ 毛刷

为了使幼犬习惯使用毛刷，在其年幼时就要开始训练它们。可以先从屁股逐渐向上刷，让它们慢慢适应。

❽ 牙刷

刷牙对保持牙齿健康非常重要，有的狗不太喜欢刷牙，所以在幼犬时期就要让它们适应。使用幼犬专用的小刷子更方便。

❿ 专用护理湿纸巾

使用专用湿巾可以擦眼睛和屁股等容易脏的部分。这样可以使幼犬敏感的肌肤保持清洁，同时也可以避免皮肤和被毛方面的一些问题。

❷❸ 项圈、牵引绳

项圈和牵引绳的尺寸要随着幼犬的成长不断更换。使用套在身体上的项圈和牵引绳，可以减小身体负担，会更加舒服。

❺ 便携水壶

为了让爱犬在外出时也能及时饮水，特别是在夏季，需要分多次饮水，我们最好随身携带便携水壶。

❼ 梳子

刷完毛后，使用梳子将被毛梳顺。将梳子垂直插入被毛中开始梳理，直至梳顺。

❾ 牙粉或口腔清洁喷雾

口腔喷雾可以直接喷在口中，非常方便。使用纱布或者牙粉也可以直接清理牙齿，也可将喷雾喷在玩具上。

不在家时也能安心

可拆卸狗笼自动饮水器

在下面放上器皿后，自动饮水器就会自动流出水，爱犬可以随时饮水，这样就不用担心爱犬没有水喝了，主人不在家的时候也不必担心。在夏天时，还可以经常把水龙头拆下来清洗，保持卫生。

幼犬初到，过渡期的陪伴方法

幼犬到来后，要和它建立良好的关系。

不要总让幼犬独自待在家里，要让它们慢慢适应新环境

当幼犬来到家里后，首先要进行便检，其次要确认它是否患有先天性疾病，并带它去接种疫苗。但我们需要明确一点，这些事是在我们购买之前卖方已经完成的，还是领养之后需要进行的。

最好在白天接幼犬回家。因为幼犬在白天适应了周围的环境，夜晚便可以安心入睡了。

此外，对我们而言，幼犬是家庭的新成员，但是对幼犬而言，我们都是陌生人，所以要先让幼犬感到安心，让它明白家里是非常安全的。

因此，最开始的一个星期，最好能一直有人在家，不要让幼犬独自在家。但同时也不要对它过度照顾，重要的是保证幼犬的睡眠时间。在幼犬时期，主人通过足够的关爱和它建立起信赖的关系，这会让之后教育训练的效果更好。

入住后的第一周，需要注意的❸个育犬要点！

❶第一天，应该安静地陪伴在爱犬身边

离开母犬后，幼犬会非常不安。为了让它具有安全感，要让它在一定的空间内自由放松地生活。如果一开始就带着它玩耍或者总是抱着它，有可能给它带来很大的精神压力。同时也不要发出太大的噪声，安静地陪着它就好了。

❷第二天，可以试着带爱犬玩耍

不同的幼犬性格不同，但是从第二天开始，幼犬一般都会开始玩耍。即便如此，也要让它保证充足的睡眠。此外，由于幼犬的身体和心理都还比较紧张，要避免它太过兴奋，产生疲劳。可以让幼犬适度地玩耍，然后休息。当玩耍约30分钟后，可以把它带到笼子里，幼犬一般很快就会进入梦乡。

❸玩耍过程中的肌肤接触

在玩耍的过程中，可以给幼犬按摩皮肤，用手充分触摸它的身体。即使像脚尖、肚子、屁股等这些不喜欢被人抚摸的地方，我们也要按摩，让它习惯。这样训练之后，去医院检查身体时，也能非常顺利地接受检查。

购买幼犬的途径有哪些

咨询饲养员

饲养员是饲养某个犬种的专业人士，他们更能饲养出身心健康的幼犬，同时也能给我们提供很多饲养建议。也有一些饲养员只是为了挣钱，根本没有责任心，但这些仅从表面很难区分。因此，最好能亲自前往犬舍看看幼犬父母居住的环境是否合理。当我们咨询饲养员时，如果他们能非常耐心且有信心地回答问题，那么基本上就是值得信赖的饲养员。

在宠物商店购买

最普遍的购买渠道是宠物商店，但是有很多国家不允许在街边的店铺销售宠物。此外，在宠物商店购买幼犬也有一定的风险，首先我们不知道幼犬的饲养环境和来源，其次也不知道它们是何时离开母犬的。因此，购买时，如果宠物商店能确认以上两个问题，基本上就是值得信赖的店铺。

利用网络搜寻

很多朋友对贵宾犬的颜色都有自己的喜好，因此通过网络寻找也是常有的事情，但是狗的实际情况有可能和网上的照片不符，健康方面也可能存在隐患，还可能有很多意想不到的问题。因此，为了避免这样的事情发生，从2012年开始，在网上购买可以在线下确认再付款，这也逐渐变成了日本的一项规定。

主人的心得分享

我们要积极理性地面对饲养爱犬的过程中产生的问题。

幼犬经常发生的问题有哪些

把幼犬接回家后，我想每个主人一定都是信心满满地想把它们养好，但是只有信心是不够的。幼犬是动物，它们不会完全按照大家期待的那样行动，特别是对于初次饲养犬类的人来说，没有接受过训练的幼犬经常会惹出一些麻烦，例如随地小便、夜晚吠叫、调皮等，这些在幼犬身上经常发生的问题会让主人非常烦恼，但同时也是我们和爱犬在未来需要一起面对解决的，因此，不要放弃，也不要着急，在饲养过程中慢慢攻克这些难题吧。

训练上厕所

即使记忆力很好的贵宾犬，也可能发生怎么都学不会自己上厕所的情况，还有的狗狗有时能记住，有时又会忘记。

有的主人因为爱犬不会上厕所而感到灰心丧气，有的主人会对爱犬上厕所严加管教，但我们不能因为爱犬犯错误而真的动怒，这样有可能让爱犬觉得主人是因为它们的排泄行为才发脾气的。

在幼犬醒来后，四处闻来闻去、团团转的时候，我们要抓住时机，马上将它们带到厕所，这样久而久之，它们就能掌握上厕所的方法了。

夜间吠叫

刚刚进入家中的幼犬，由于刚和自己的父母及兄弟姐妹分开，变成独立的个体，往往会感到非常的不安，因此会在夜晚吠叫。

对此，我们应该更加悉心地照顾它们，把幼犬和自己放在同一个房间里，或者为其开一展小夜灯。

当夜晚幼犬开始吠叫时，可以轻轻地安慰它们，逐渐缓和它们不安的情绪。

调皮

幼犬的好奇心非常旺盛，喜欢在家里跑来跑去地探险，同时还会乱咬东西。

当它们咬坏贵重物品时，并不只是会让我们觉得困扰，更重要的是，它们吃到肚子里的东西可能会危及生命。对于幼犬而言，牛皮或牛皮背包没有什么区别，因此，我们应该把这些容易被咬坏的东西放到它们无法接触到的地方，或者使用带有苦味成分的喷雾，事先喷在不希望被它们咬坏的物品上。

仅凭斥责无法达到培育幼犬的目的

教导幼犬最重要的是鼓励，但同时也要及时制止它们的错误行为。为了能让幼犬迅速掌握更多的本领，作为主人，我们应该事先学会一些训练方法，单纯的发怒对教导幼犬来说并没有用。

养狗一共要花多少钱

要对饲养贵宾犬的各种费用做到心中有数。

在修剪被毛等方面需要花费资金的贵宾犬

饲养贵宾犬是相对比较费钱的。如果不带它们去修剪被毛，被毛很快就会变长，因此每个月至少要去一次美容沙龙。饲养贵宾犬可以享受打扮它们的乐趣，但同时也要为此买单。

虽然贵宾犬是小型犬，每天进食不多，但是每天狗粮的费用加起来也是一笔不小的开支。此外，尿片、清洁工具、玩具等消耗品及日常用品都是不可缺少的。冬季爱犬自己在家的时候，为了保证温度，需要打开空调，因此电费也是一笔开支。

此外，不容忽视的还有医疗费用。饲养一条狗，终其一生所需的医疗费用也是不少的。

为了解决爱犬制造的麻烦，赔偿费用也不可忽视

爱犬乱叫扰邻，最终演变成邻里矛盾的案例并不在少数。如果邻居觉得受到了噪音的伤害，甚至可能诉诸法律解决，狗狗的主人就会被处以罚金。因此在养狗时，尽量处理好邻里之间的关系，避免通过法律渠道解决问题，这也需要我们平时高度重视对狗狗的教育和管理。

养狗的基本费用

前期准备

- 购入幼犬的费用
- 购入准备物品的费用

幼犬的价格有高有低，有些品种很贵。狗笼、厕所、牵引绳都是日常用品，随便购置一些都要花费2万日元以上（约合人民币1千元）。此外，宠物登记、疫苗接种、体检等费用也要花费2万日元以上（约合人民币1千元）。

每月的花费

- 宠物食物费
- 宠物尿布费
- 美容费用

狗粮、零食、尿片等每天都要使用的日用品每月要花费1万日元（约合人民币6百元）。贵宾犬的被毛较多，美容花费和其他小型犬相比会高一些。洗澡、剪指甲、清洁肛门等附加费用每月也要花费6千日元（约合人民币4百元）。

每年的花费

- 狂犬病疫苗接种费用
- 寄生虫疫苗接种费用
- 混合疫苗接种费用
- 跳蚤、虱子预防费用

每年春天，宠物必须接种狂犬病疫苗大约花费3千日元（约合人民币2百元）。还要同时接种感染病及寄生虫预防疫苗，再加上体检和跳蚤、虱子预防药物的费用，整个春季一共要提前准备3~5万日元（约合人民币2~3千元）。

外出费用也要计算在内

玩具贵宾犬可以和我们一起外出。带它们外出参加活动花费的活动参加费、交通费、住宿费也需要计算。

一般来说，花费较高的是训练学校、绝育手术等费用。

还没完全学会上厕所的幼犬可能会弄脏地毯，清洁地毯也需要一定的费用。还可能弄脏沙发，这就需要重新购买沙发。对这些费用也要提前做好心理准备。

充分利用宠物保险

宠物医院大多需要自费，而且手术和住院费用都很高。现在保险公司也提供宠物保险了，购买了保险就会比较省心，但不同公司的入保年龄要求和提供的服务都各不相同，在购买前要仔细比较。

与值得信赖的宠物医院建立良好的沟通关系

选择能够提供健康咨询的宠物医院。

选择能给出详细指导建议的兽医

为了使爱犬保持健康，找到可以随时前往的值得信赖的宠物医院非常重要。可以利用体检和接种疫苗的机会去医院考察，找到值得信赖的医院，这样遇到情况时就不会手忙脚乱了。还要找到能耐心给予指导的宠物医生。

但是，不论宠物医院有多好，如果没有主人的协助，都不能进行有效的诊疗。我们要尽可能地描述爱犬平时的状态，让医生根据情况做出准确的诊断。情况描述不能模棱两可，必须非常细致地介绍，此外，爱犬的饮食排泄量和次数也要尽可能准确地告诉医生。

有一些朋友会选择去其他宠物医院做二次诊疗，如果在某个宠物医院的治疗效果不好，也可以尝试这种方法。

提前考察好开设夜间急诊的医院，以应对紧急情况。

选择值得信赖的宠物医院的方法

- 能简明扼要地说明情况
- 值得信赖、耐心热情
- 与大学医院有相关合作

除了技术和治疗设备外，我们和医院的顺畅沟通也非常重要。医生的说明是否清晰、工作人员是否有耐心、医院的整体氛围等都需要考虑。因此，请亲自多去几家宠物医院体验一下，但是不推荐距离太远的医院。

犬类比人类的发育速度快4倍，定期体检非常重要

犬类和人类相比，发育和老化速度都是很快的。犬类的1岁相当于人类的4～4.5岁，同时疾病发展也非常快。因此，为了能尽快发现疾病，每年最少要带爱犬体检一次，而中年和高龄犬最好每半年体检一次。

各个医院的体检项目都有所不同，但是基本上都会有血液检查、内脏检查。同时，也建议您能给爱犬做尿检和便检，在检查时还会有问诊和触诊，如果您有什么疑问，可以在这时仔细询问。

有的医院还有胸部和腹部的X光射线检查、心脏和腹部的B超检查，但幼犬一般比较年轻健康，可以不做这些检查。

每年去医院做一次健康检查！

消除爱犬去宠物医院的抵触情绪

把爱犬放在诊察台上时，它们会因恐惧和抵触而看上去非常痛苦。因此，我们平时可以带着爱犬去医院参加专门的课程，去医院领取资料，购买药品时也可以带着爱犬一同前往，让它们充分熟悉医院的氛围。此外，在诊察和治疗的过程中，也不要忘了鼓励它们。

犬类与人类的年龄换算

玩具贵宾犬（小型犬）的年龄	换算为人类的年龄	玩具贵宾犬（小型犬）的年龄	换算为人类的年龄
1个月	1岁	8岁	48岁
2个月	3岁	9岁	52岁
3个月	5岁	10岁	56岁
6个月	9岁	11岁	60岁
9个月	13岁	12岁	64岁
1岁	17岁	13岁	68岁
1岁半	20岁	14岁	72岁
2岁	23岁	15岁	76岁
3岁	28岁	16岁	80岁
4岁	32岁	17岁	84岁
5岁	36岁	18岁	88岁
6岁	40岁	19岁	92岁
7岁	44岁	20岁	96岁

※大致估算。

生育繁殖问题要咨询专业人士

繁殖对保持犬种标准非常重要，请不要忽视。

为了保证分娩安全，请参考专家的意见

很多狗狗主人都希望看到爱犬的血统得到延续，但是繁衍后代并不是一件轻松的事情。

当然，对于狗妈妈而言，这也是一件危险的事情，分娩时可能出现的问题不容忽视。此外，为幼犬寻找具有责任心的主人也不容易。

在繁衍后代时，最重要的事情就是保证血统的纯正，所以请坚持犬种标准并充分重视血统的传承。

在决定繁殖后，一定要寻求专业育犬师的帮助。专业育犬师可以在爱犬妊娠时提供专业的护理，同时也会教授我们大量有关分娩和养育的知识。

此外，当爱犬第一次分娩时，我们也要和宠物医生保持密切的联系。

必须避免妊娠的狗

有的狗并不适合妊娠，为了避免给它们造成伤害，应该果断地避免它们妊娠及分娩。如果爱犬不适合繁殖，一定要停止它们的交配行为。

- 为了保持犬种标准，有时必须停止繁殖
- 患有遗传疾病
- 体型过小
- 患有疾病

阉割、节育是否真的很残忍?

很多人认为用手术刀给狗狗做绝育手术是一件非常可怕的事情。但是，有性冲动却不能交配，其实也会给狗狗带来压力。而做了绝育手术后，它们一整年都能保持非常平和的精神状态，也能防止生殖系统方面的疾病。虽然注射麻药可能带来危险，但近年来兽医技术逐渐发展，现在几乎没有危险了。请根据实际情况决定是否让爱犬繁殖吧。

绝育和避孕手术的费用

选择的医院和手术方式不同，手术的费用也不同。公犬需要花费3万日元（约合人民币2千元），母犬则需3~5万日元（约合人民币2~3千元，包括住院费用）。此外，有的私立医院还需要您额外负担一部分的金额。

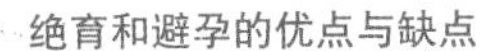

绝育和避孕的优点与缺点

优点

能防止子宫脓肿、卵巢癌、乳腺癌等母犬的多发疾病，这类疾病大多会危及生命。如果犬类年龄大了之后发病，治疗也会给身体带来很大的负担。饲养多只犬类的家庭，避孕可以避免很多意外怀孕，也可以避免发情期出血的情况发生。

容易成为易胖体质，容易攻击阉割后的公犬。母犬绝育后的变化会存在一些个体差异，但是一般性格会变得比较刚烈（有雄性化的倾向），也会变得比较沉着。总之，性格会发生一定程度的变化。

优点

能缓解性压力，不会出现过于亢奋、食欲下降、反复骑跨、攻击性强等现象。同时，也能避免在主人不知情的情况下，和其他的犬类交配。还可以降低患精巢癌、前列腺肥大、会阴疝气等与荷尔蒙相关的疾病的风险。

荷尔蒙平衡受到影响，变成易胖体质。但如果让它们积极锻炼并控制饮食，也能够预防体重方面的问题。

专栏 2

警惕冲动购买

玩具贵宾犬的人气很高，很多街边的宠物商店都会销售。有时我们是因为朋友在饲养贵宾犬，所以也去饲养，但是冲动购买是非常危险的。狗狗也是生命，如果决定饲养，就要对它们负责，直到终老。即使很疲劳，也要每天带它们散步，为它们准备好食物，这样的生活甚至要持续十多年。当狗上年龄后，也需要照顾和护理，而且饲养犬类还有一些必不可少的日常开销，如日常狗粮的费用、定期修剪被毛的费用、生病时的医药费等。因此，在决定养狗之前，一定要做好这些心理准备。为了不让自己后悔，在领养前一定要慎重考虑。

在决定养狗之后，还需要花时间寻找值得信赖的购买渠道，选择健康的幼犬。一见钟情似的购买虽然可以，但是可能存在健康等多方面的隐患，如领养后发现狗狗经常生病，需要往返于医院，或者没养多久狗狗就死掉了，这些都是经常出现的案例。

在领养之前，要考虑清楚想要饲养的犬种，即使犬种相同，性格、运动量也会有所差异。此外，是否有养狗的经验、居住条件如何、家庭成员的构成、如何与爱犬相处等因素都会对选择造成影响。在购买之前，这些问题都要考虑进去。

第3章

幼犬的饲养

照料、玩耍、交流的必需项目，
体验饲养犬类的乐趣和饲养方法。

教给幼犬人类社会的规则

教育幼犬是使爱犬与人类社会和谐相处的必要前提。

为了融入人类社会，需要让幼犬分辨正确与错误的行为

所谓教育，就是要让幼犬了解人类社会的规则。如果不告诉它们这些规则，它们自己很难判断什么是对，什么是错，如随便乱叫。没有受到良好教育的幼犬会给周围的人带来很大困扰，而且教育对爱犬本身也有好处。如果幼犬事先没有受到良好的教育，它们就会不断重复错误的行为，每次犯错时，又会被主人训斥，久而久之，爱犬自己也会有很大的压力。

头脑聪明的玩具贵宾犬是比较容易被教育的犬种，但有时也会因为聪明而耍一些小性子。因此，在日常生活中，我们应该和它们建立良好的信赖关系，让它们按照我们的想法行动。

幼犬期最容易掌握训练动作

幼犬期是犬类的精神和身体发育的重要时期，在这个时期中，它们吸收能力强，不会特别抵触主人对它们的教育。贵宾犬的记忆力也非常强，再加上头脑聪明，很多事情都可以轻松学会。

教育幼犬的关键时刻

眼神的交流

首先要让幼犬记住自己的名字。我们要用清楚、温柔的声音叫它们的名字，然后盯着它们，当幼犬停止活动并把脸转向主人时，就意味着眼神交流取得了成功。通过练习，让幼犬学会只要听到自己的名字就能集中注意力，同时这种眼神交流也可以深化主人和爱犬之间的信赖关系，使彼此的交流更加顺畅。

可以与不可以

当幼犬犯错时，我们要在第一时间告诉它“不可以”。说话时注意不要含有感情，冷静干脆。最重要的是在幼犬犯错之前和之后都进行教育，如果错过了教育的时机，幼犬就会不明所以。此外，当幼犬按照我们的指令正确行动时，要一边鼓励它们，一边抚摸它们的身体。

坐下和趴下

带幼犬外出时，它们会很好奇。但在一些场合，我们还是希望它们能安静地待着，因此要让幼犬学会坐下，当它们比较亢奋时，也可以让它们暂时放缓节奏。掌握坐下的要领后，可以开始教它们趴下的动作。如果趴着的幼犬想站起来活动，两个动作转变的时间差就是我们制止它们行为的时机。

征求家人意见后再布置房间

为了让幼犬适应家里的环境，家庭成员的饲养方式要统一。

在开始教育幼犬之前，家庭成员要统一教育方法

在开始教育幼犬之前，家庭成员要统一教育方法。在幼犬做出相同的行为时，如果时而呵斥，时而置之不理，幼犬自己也会变得非常混乱，时间久了就不会听家人的话了。

首先要让幼犬学会不咬人、不乱叫，这是必须做到的。但是，家庭成员们的准则可能不完全一样，如有的家庭允许狗狗上沙发，有的则不允许，因此在自己家什么可以做，什么不可以做，意见要保持统一。如果斥责幼犬时使用的语言表达不统一，如不可以、不好的、完全不对呀……幼犬也会很难理解。为了让幼犬快速理解语言的意思，家庭成员在发出指令时要用相同的表达。

有小孩的家庭经常会把教育幼犬的任务交给孩子，通常会说“这是你的狗狗，你要管理好哟”之类的话。当然，孩子需要分担教育幼犬的任务，但是对幼犬的教育具有更多主导权的人应该是父母。因为有能够依赖的人在身边，幼犬才会比较安心，同时它们会把自己的依赖感全部寄托在可依赖的人身上，而把孩子当成自己的朋友。

因此，在刚开始养狗时，可以把狗狗当成我们的孩子，慢慢地和爱犬磨合才是合理的教育方法。

对于狗狗名字要统一，叫狗狗的时候，要使用清楚的发音。

将厕所设置在哪里比较合适

当狗狗坐立不安的时候，就是我们带它去上厕所的时候，因此厕所应该放置在距离狗笼子较近的地方，最为理想的状态是把厕所和狗笼子放置在相同的房间内。当决定好厕所的位置之后就不要无缘无故地更改，同时我们还要避免在狗狗会感到比较不安或比较黑暗的地方放置厕所。

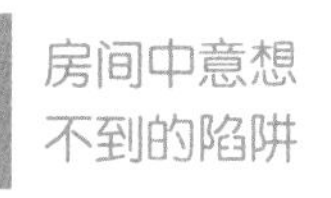

房间中意想不到的陷阱

幼犬的发育尚不完全，身体状况也不稳定，同时它们对很多事物都很好奇，希望尝试和挑战，但有时会因此发生意想不到的危险。

橡皮筋、别针等容易掉落在地上的东西经常会被狗狗误食，因此我们要将这些东西收纳在狗狗看不到的地方，此外，对于那些不方便收纳的电器的电源线等，可以在外边罩上罩子。

玩具贵宾犬体重比较轻，而且擅长跳跃，稍不留神就可能跳出笼子，跳到沙发背上。从沙发背上跳下时，有可能会摔成骨折，这一点需要我们特别注意。幼犬比成年犬对室内的温度更敏感，当温度合适时，幼犬可以仰卧或横卧，就算露出小肚子也没有问题，因此我们要管理好室温。

室内环境的注意事项

窗户

狗狗听到窗外鸟叫的时候可能会变得比较兴奋，甚至会跳出窗外，容易发生事故，甚至可能死亡。所以，我们要管理好窗帘。

空调

避免空调风直接吹向笼子，冻坏狗狗，同时也不要让它们太过于炎热。

沙发

在沙发上跳上跳下很可能发生骨折等情况，为了防止这样的情况发生，我们可以购买比较低矮的沙发。

笼子

贵宾犬的跳跃能力比较强，可以很轻松地跳出笼子，所以需要找寻比较稳定的笼子。

家具

对于行动尚不稳定的幼犬而言，有可能在乱跑的过程中撞到家具，造成受伤。因此我们尽量购买圆角的家具。

第1章 贵宾犬的魅力
第2章 饲养前的准备
第3章 幼犬的饲养
第4章 成年犬的饲养
第5章 和爱犬一起生活

成长发育期一定要摄入足够的营养

给幼犬提供均衡的营养和喂粮方式。

对于发育旺盛的幼犬而言，高热量的食物是必需的

幼犬每天都在成长，如果不认真喂食，就可能影响它们的成长和发育。

幼犬需要的热量是成年犬的2倍，需要的蛋白质和钙是人类的4倍。此外，由于幼犬的身体机能尚未发育完全，最好给它们吃容易消化、吸收的食物。市场上幼犬专用狗粮中的营养成分配比合理，很适合幼犬的成长发育，选择值得信赖的品牌即可。

出生后的2～3个月内，可以在干狗粮中加入温水，或者混合和人体肌肤温度相同的犬类牛奶，将干狗粮浸湿后再投喂。在幼犬换完牙后的5～6个月，可以将每天进食的次数改成3次，再搭配零食等辅食，逐渐减少到每天2次。我们也可以通过观察犬类粪便的状态来调整狗粮的具体用量，若粪便比较硬，就要增加狗粮的用量；若粪便比较软，就要减少狗粮的用量。

幼犬来到家里后，在一段时间内，可以保持与之前相同的狗粮投喂量。

绝对不可以给狗狗吃的东西

如果洋葱等葱类食物被狗狗吃到肚子里，会破坏红细胞，甚至导致死亡。巧克力会对心脏及中枢神经造成影响，即便它们想吃，也不能给它们。章鱼、鱿鱼、虾等贝壳和海鲜类以及调味料较多且具有刺激味道的食物也不可以给它们吃。此外，富含盐分的火腿以及葡萄、葡萄干等也最好不要让它们食用。

幼犬期的饮食小知识

1 干狗粮和湿狗粮有什么区别？

A1 干狗粮比较便宜，具有清洁牙齿的效果。湿狗粮比较柔软，犬类更喜欢吃，幼犬也更容易进食。但不管是哪一种，都需要根据在不同发育时期所需要的营养和热量为幼犬选择适合的狗粮，让爱犬将来去宠物旅馆、宠物医院的时候不会挑食。

2 从牛奶过渡到离乳食有什么好方法？

A2 从出生20天到2个月，我们一般会给幼犬进食离乳食，高蛋白、高热量的离乳食在市场上很容易买到。可以在母乳或牛奶中加入离乳食，逐渐替代，也可以将离乳食涂在幼犬的嘴部周围或者上颚等部位，让它们自己舔干净，慢慢它们就会习惯离乳食的味道了。

3 如何解决爱犬不进食的问题？

A3 如果爱犬突然不愿意进食，我们一般会怀疑它们生病了，然后带它们去宠物医院就诊。但有时只是因为它们不适应房屋结构或环境的改变，从而食欲减弱。这时可以在食物中加入热水，让它们嗅闻气味增加食欲，也可以在食物中加入肉类、酸奶等它们喜欢的食物，通过变换食物搭配提高它们的食欲。

4 有没有顺利更换狗粮的好办法？

A4 刚把狗狗接回家时，要给它们吃和以前相同的食物，进食时间也要保持不变。如果立刻换成其他食物，它们的身体可能不适应。等待2~3周，使幼犬逐渐适应新的环境，确认它们没有出现便秘、呕吐、腹泻等症状后，便可以更换了。

5 进食方面会产生哪些问题？

A5 一旦稍不注意，爱犬就会一次偷吃很多巧克力，从而造成休克和急性心功能不全等。贵宾犬比较擅长跳跃，放在桌子上的东西很容易被它们偷吃掉，因此，我们要把食物藏好。

6 可以用自制料理代替狗粮吗？

A6 自制料理可以明确食材的来源，比较让人放心，虽然会花费很多时间，但这个过程本身也很快乐。不过，人类和犬类在饮食方面有一定的差异，有的食物有利于犬类成长，有的却不是。幼犬所需要的营养、热量和成年犬也不一样，我们可以购买一些料理书籍，仔细研究学习后再尝试。

通过愉快的散步放松心情

终于可以外出散步了。在爱犬逐渐习惯后，教它们享受散步的乐趣。

散步是幼犬接触社会的好时机

很多人养了玩具贵宾犬后，最想做的就是带它们一起出门。散步可以让爱犬感受到第一次去陌生地方的乐趣。

大家都以为散步就是为了运动，其实不仅仅如此。散步是犬类接触社会的最好时机，特别是对于幼犬而言，外面的世界充满了不同的气味，能遇到其他狗狗和它们的主人，以及家中没有的刺激。通过每天的散步，它们会逐渐习惯接触未知的事物，也会逐渐成长为成熟的狗狗。

接种疫苗后再外出散步

在散步的过程中，狗狗可以通过声音、气味以及感觉体会很多不同的事物，从而实现身心的放松和脑部的开发。

但要特别注意的是，如果在接种疫苗之前就外出散步，很有可能会得传染病。在完成了第二次疫苗接种（宠物医院为第三次）的两星期后，且在兽医同意的情况下，才可以将爱犬带出去散步。

和项圈相比，背心式牵引绳更合适幼犬，因为牵引绳的力量会被分散，让狗狗感觉更舒服，即使突然加速奔跑，也不会觉得很紧。

从小就开始外出散步，长大后去哪儿都不会怯场。

刚刚完成第一次疫苗的接种

这时候我们可以抱着狗狗在户外散步，让它们提前适应户外的环境，为以后真正意义的户外散步打下基础。对于外界的景色以及气味而言，它们都是让狗狗充满好奇的事物。

在狗狗散步以及奔跑的时候，选择透气且防水的牵引绳会更加方便。

先在家里尝试使用牵引绳

在开始散步之前，请先在家中给狗狗佩戴背心式牵引绳，让它适应牵引绳的感觉。如果它们开始有些反感，可以先用一般的绳子套在它们身上，在进食时使用牵引绳可以降低它们的反感度。习惯绳子后再尝试牵引绳，一边用眼睛和爱犬交流，一边发出“过来”的指令，然后慢慢拉起牵引绳，如果它们不动，也不要勉强。

习惯了牵引绳后，就可以带爱犬出门了。开始时有的狗会对外界比较恐惧，会蹲下不再前行。这时我们要一边鼓励爱犬，一边叫它们的名字，让它们慢慢体会散步的乐趣。

散步之前要准备好散步包

在散步包中准备好狗狗用品，这也是在向他人表示我们是按照规矩饲养狗狗的。当狗狗在公共场所散步时排便或尿尿，我们可以迅速地从散步包中取出粪便袋和除臭喷雾处理。另外，也请准备好狗粮、垫子以及手电筒等常备用品。

通过变换散步线路训练幼犬的适应能力

第一次外出散步建议选择气候温和的日子，可以在较近的公园或者车辆比较少的地方。

之后我们可以不断变化散步的线路，这样幼犬眼中的世界也会随之变化。柏油马路、草坪、人车混行等地方，都会逐渐出现在它们的世界中，我们要带着它们慢慢尝试。

和主人一起散步可以加深对主人的信赖感。

有的狗很喜欢外出散步，不喜欢回家。但是，出生5~6个月的幼犬的骨骼发育尚未完善，长时间散步会给身体造成负担，这时我们要适时停止散步。此外，有时玩具贵宾跳跃台阶时也会发生骨折，因此要特别注意。

不要带狗狗进入有跳蚤、蟑螂的地方以及别人家的花园，可以及时引导它们到别的地方，或者慢慢朝相反的方向走。还要教会它们直线行走。

让狗狗适应不同的声音和东西

●自动贩卖机的声音

狗狗对于回声非常敏感，这些声音不是自然世界中存在的声音，有的时候会让它们很害怕，因此我们可以在狗狗的面前尝试使用自动贩卖机，让它们适应这种声音。

●人行横道警示音

有很多狗狗不喜欢急救车的声音以及打雷的声音。这时候我们可以抱着狗狗穿过人行横道，让它们在舒服的环境中感受这种声音，让它们理解这个声音并不可怕，不必过分紧张。

●井盖

对于狗狗而言，地面上有个洞洞是非常奇怪的事情，从井盖中会冒出一些气体、井盖钢铁材质的质感都会让它们产生奇怪的感受，这时候我们可以使用狗狗零食来引导它们，当它们前进一步的时候，我们要及时给予鼓励，让它们逐渐克服畏惧的情绪。

●自行车铃声

有一些狗狗会对自行车的铃声产生惊恐而乱叫，有的时候还会发生交通事故。这个时候我们要训练它们学会“等候”，在狗狗对铃声产生反应的一瞬间，发出“等候”的指令，并对于它们的及时反馈给予鼓励。

不要乱跑，以免发生交通事故，请遵守交通规则

社区居民最反感的就是狗的粪便问题。有些人在散步时默许自己的狗狗在别人的花园里小便，正是因为这些不懂礼貌的人，才会有越来越多的人讨厌狗。玩具贵宾犬主要是在室内饲养，最理想的状态是在屋里上完厕所后再外出，而且在家里也应该让它们学会在尿片上小便。

要防止玩具贵宾犬在散步的过程中朝其他人或东西乱扑，比如贵宾犬可能会突然扑到从它们面前过去的自行车上，虽然小型犬没有太大的力量，但这样还是有发生事故的隐患，这时我们一定要让它们坐下或趴下。总之，作为主人，要做到随时随地都可以控制好自己的狗狗。

遇到这种情况我们应该怎么办

坐下来不走动

在散步的过程中，有的狗狗比较胆小，不想前往其他地方，有的狗狗则喜欢被抱着散步，这时我们可以用零食来引导它们，也可以在散步的过程中加入一些游戏，一边温柔地鼓励它们，一边告诉它们散步的乐趣。

被孩子们包围应该怎么办

有小狗狗前往的地方经常都会引起他人的瞩目，但是对于那些好动的孩子而言，其实狗狗也比较害怕他们，这时候我们最好抱着自己的狗狗和其他的孩子和平玩耍。我们可以让小朋友们握着拳头，放在狗狗的面前，让狗狗去闻一闻，当双方打过招呼之后，可以让孩子由狗狗的下颌开始，一直抚摸到狗狗的头顶。

最开始接触孩子时能否战胜恐惧心理，是决定狗狗今后喜不喜欢孩子的关键。

第1章 贵宾犬的魅力
第2章 饲养前的准备
第3章 幼犬的饲养
第4章 成年犬的饲养
第5章 和爱犬一起生活

怎样让狗不认生

从出生到13周是犬类适应人类社会的最佳时期。

不适应人类社会的狗每天都会有压力

所谓适应人类社会，是指犬类与人类社会和谐共处，并能适应社会中的不同状况。身边的事物、别人家的狗狗以及非家庭成员的外人都是它们需要适应的对象。

如果不能很好地适应人类社会，狗狗的生活就会变得非常可怜。在散步的过程中遇到不认识的人会让它们非常害怕，一些非常小的声音也会让它们惊慌，久而久之，简简单单的散步反而变成了狗狗的压力，最后连寿命也会缩短，这对于刚领养幼犬的朋友来说，也就体验不到养狗的乐趣了。

不要浪费宝贵的社会化时期

从出生到13周被称为犬类的社会化时期。在这一时期，它们对未知的世界具有很大的好奇心，可以吸收很多新的知识，但是随着年龄的增长，它们的警备心就会逐渐超过好奇心。

让犬类和自己的兄弟姐妹一起生活，和同类无障碍交流，这些都是非常重要的事情，然后再将它们领回家，它们会更充分地和陌生的世界接触，从而更好地适应人类社会。

犬类的社会化训练可以使它们的压力变小，和爱犬一起生活也会变得更快乐。

幼犬时期的社会化和狗狗一生的关系

通常我们认为幼犬时期的体验会对狗狗的性格以及感知社会产生很大的影响，如果这个时期里有一些不好的回忆，很有可能对它们的精神也造成影响。能否把贵宾犬的乐天精神培养出来，是社会化是否成功的关键。

快乐地适应人类社会

使狗狗尽快和人类熟悉起来

让它们和不同的人接触，体验和人接触的快乐

在散步的过程中，如果遇到陌生人，可以让他们抚摸爱犬。还可以将朋友叫到自己家里，让他们给爱犬投喂零食，请他们和爱犬一起玩耍。有的狗狗比较害怕孩子和穿着工作服的人，这时可以多请他们和狗狗一起玩，也可以让朋友戴着帽子或者改变穿着陪它们玩耍。

让爱犬和其他的狗成为朋友

带它们去参加犬类聚会或逛游乐园

要充分利用散步、犬展以及朋友聚会等机会，让爱犬和其他的狗多接触。当然，也推荐您请专业人士帮助它们。参加犬类俱乐部可以增强它们的社交技能，具有同样作用的还有犬类幼儿园。注意，有的狗狗从很早开始就离开了自己的兄弟姐妹，所以它们并不会和其他的犬类交流，这时就需要我们慎重地引导了。

咣当、咣当

让犬类适应不同的事物

让犬类接触生活中不常见的东西，增加多种体验

声音、气味、动作……在爱犬产生畏惧心理之前，应该尽可能地让它们多接触生活中的不同事物。如果爱犬有警戒心，我们可以把它们抱在怀里，让它们慢慢接近事物。当它们愿意尝试之后，就要积极地表扬它们。为了避免产生心理问题，一定不要过于勉强，如果自己的主人性格沉稳、态度温和，狗狗也会非常安心。

通过打理被毛，让爱犬更加健康美丽

打理被毛，让爱犬更加美丽可爱。

第一次打理被毛时，要在平和的环境中进行

为玩具贵宾犬打理被毛的关键是使用梳子梳理。总的来说，玩具贵宾犬不是特别容易掉毛，被毛中有一些密生的小卷毛，即使掉毛也不会落到地上。但如果疏于打理，它们的被毛就会打结，甚至引起皮肤疾病。

为了使爱犬适应毛刷梳理被毛的感觉，平时和它们玩耍时，就要多用手碰触它们的腿部，抚摸它们的腹部，让它们从被他人触摸身体开始适应。

打理贵宾犬的被毛通常使用的是针梳，注意最开始不要用毛刷接触狗狗的屁股和面部。打理时可以一边抱着贵宾犬，一边进行眼神交流，并且鼓励它们。慢慢延长每天的梳理时间，也是成功梳理被毛的要领，让爱犬逐渐适应，慢慢地它们就会享受梳理被毛时轻松的感觉了。一般情况下，贵宾犬全身的被毛都需要梳理，但有的狗狗不太适应，不必勉强，放弃梳理也没有关系。

幼犬应该何时开始梳理被毛

对于贵宾犬而言，当它们出生2~3个月之后就可以使用梳子给它们梳理被毛了。如果当它们刚刚被领养回家的时候就每天梳理，有可能让它们感到害怕，不能很好地接受。当我们和它们建立起一定信赖关系之后，以狗狗不会产生厌烦的节奏，慢慢增加打理被毛的次数。

梳理被毛的顺序

使用针梳时要轻柔

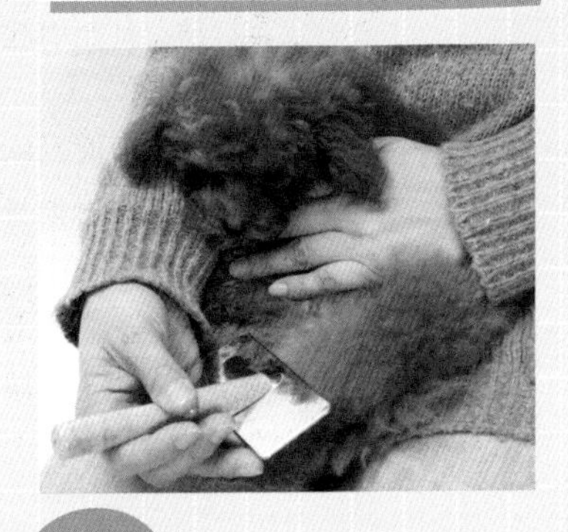

还需注意 梳理打结被毛的方法

狗狗的腋下以及耳朵部分的被毛是非常容易打结的，当被毛打结时，我们要使用梳子前后左右梳理，梳开打结的部分，然后从上向下慢慢梳理打结的被毛，将其全部解开。

使用梳子梳理好

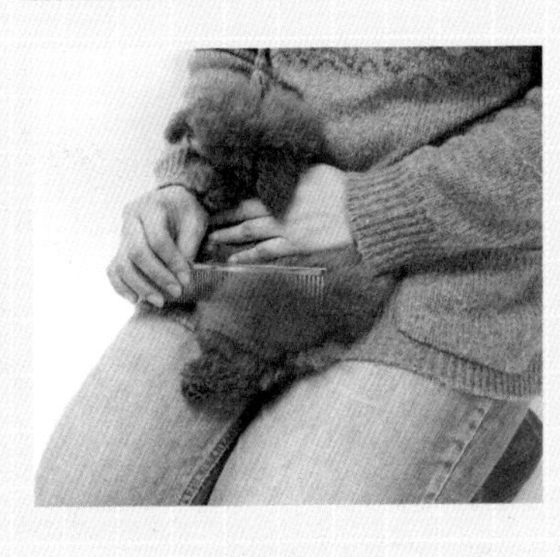

（1）用手轻轻握住针梳

因为用针梳刷毛时可能有点疼痛，所以要轻轻握住毛刷，顺着狗狗被毛的方向进行打理，遇到打结的地方可以稍稍用力。为了不伤害狗狗的皮肤，我们要将针梳的角度和狗狗皮肤保持平行。一开始先梳理被毛的表面，然后梳理被毛的根部。

（2）对全身进行梳理

梳理狗狗尾巴时要对表面以及尾巴里面进行全面地梳理。用手拿起狗狗的脚，然后全面梳理被毛的表面和里面。大腿根部也要梳理。梳理屁股的时候应该沿着它们身体的弧线梳理，躯干部分则是由上到下地梳理。

（3）使用梳子梳理大腿内侧

大腿内侧的被毛比较柔软，如果使用钢珠刷子，可能会让狗狗感到疼痛。我们可以用手指捏住梳子，使用梳子比较稀疏的部分梳理大腿内侧的被毛。

（4）轻轻梳理脖子以及头部被毛

狗狗的脖子以及喉咙等部分相对比较敏感，所以要保持它们的头部不动，慢慢梳理。最后再梳理它们不喜欢被梳理的头部，因为头部的被毛比较柔软，所以也要固定狗狗的头部，灵活使用刷子的不同角度进行梳理。

（5）使用梳子完成打理

先用针梳梳理被毛，再用梳子全面整理。将梳子垂直插入被毛，保持梳子角度不变，直到被毛被梳理顺滑为止。

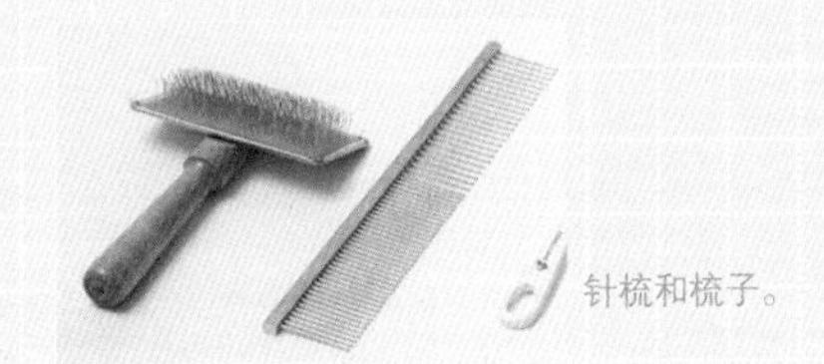
针梳和梳子。

需要仔细打理的3个部位

除被毛以外，有3个位置也需要仔细打理。

检查脚掌

Pad care

狗狗的脚掌直接接触地面，很容易受伤，如果不注意保养，狗狗也会很难受。所以，在带爱犬散步回来后，应立即确认它们的脚趾之间是否卡了东西，有没有踩到玻璃导致出血。即使只是脏了一点，也要及时清理。指甲常常被包裹在脚垫里面，要把它们的脚趾打开，修剪指甲。

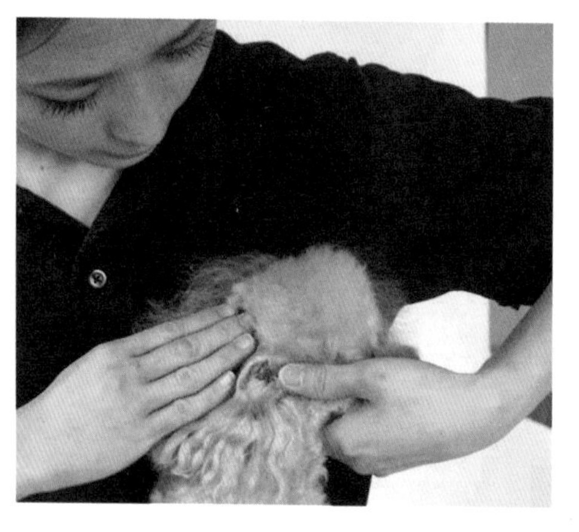

耳朵的保养

Ear care

贵宾犬是垂耳，因此耳朵里面很容易有脏东西，如果清理不及时，就会造成感染。要经常使用棉签清理犬类耳道内的脏东西，再将耳朵清洁液喷在棉棒上擦拭耳朵内部。此外，贵宾犬耳朵周围的被毛每月要修剪1次，并用小镊子贴着皮肤小心地把杂毛拔干净。

眼睛周围的保养

Eyes care

在散步结束后，打湿棉签，将眼睛周围的脏东西擦干净。如果眼睛里进入了脏东西，就要用眼药水冲洗干净。贵宾犬容易流眼泪，虽然出了眼睛问题后可以去宠物医院治疗，但家庭的日常保养也不能偷懒。用一只手固定狗的头部，另一只手擦拭眼睛周围的脏东西。但是千万不要太勉强，如果爱犬反抗则表示不喜欢，要立刻停止。

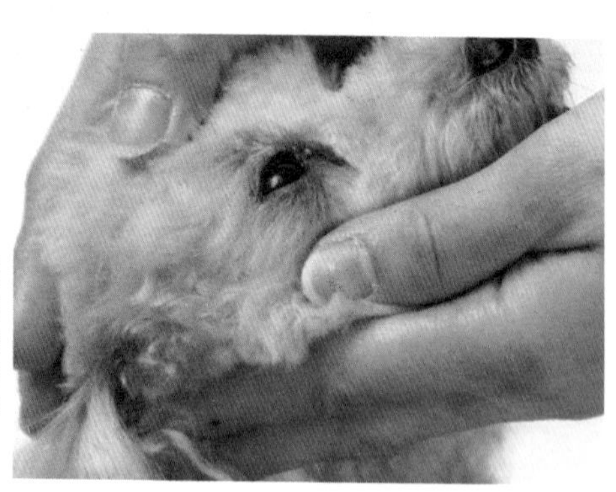

给贵宾犬洗澡的技巧

由于贵宾犬的被毛较多，所以很多人会把它们送到宠物店洗澡，但是如果能在家里洗澡，就能经常给爱犬清洁皮肤，及时清理掉皮脂、细菌以及角质层等容易产生臭味的东西。

但是，洗澡过于频繁反而会伤害皮肤，因此，建议每个月洗2次即可，而且还要选择较温和的幼犬专用沐浴露。

在洗澡之前，先使用梳子梳理被毛，虽然贵宾犬的祖先是水猎犬，但这并不代表它们一定会喜欢洗澡。请尽量在它们比较安静的时候，快速洗完。洗完澡要用毛巾擦干身体，再用吹风机吹干被毛。如果被毛没有完全吹干，就会使爱犬的身体感觉不适，甚至导致皮肤病。给贵宾犬吹干被毛时，要把被毛掀起来，从根部开始仔细吹。

洗完澡之后，还要清理它们耳朵内部的杂毛，最后使用棉棒擦拭干净。

精心打造最时尚的贵宾犬

被毛是贵宾犬最大的魅力点，但也是很难保持整洁的地方。如果不经常打理，被毛就会变得比较干躁，也会打结，非常不好看，所以打理它们的被毛是非常有必要的。只有我们坚持每天为它打理被毛，才能使我们的狗狗人见人爱。

清洁身体的顺序

请先设定好淋浴水的温度，然后开始清洗脚部，之后是身体，最后是它们的头部。为了避免狗狗害怕淋浴，我们要将喷头紧贴在它们的身体上，或者用浸湿的海绵为其清洁身体。注意清洗时不要忽视脚底以及肚子底下等容易遗忘的位置。

为了避免狗狗对洗澡产生阴影，要特别注意清洗它们头部的方法。

成为爱犬喜爱的主人

和狗狗进行心灵沟通，建立信赖关系。

掌握和爱犬心灵沟通的秘诀

只是每天给爱犬喂食，陪它们散步，并不能和它们建立起信赖关系。玩具贵宾犬是非常聪明的犬种，如果只是简单地和它们进行一般性的接触，它们只会觉得你是照顾它们的人。在日常生活中努力了解爱犬的习性，才可能成为让它们喜欢的主人。当犬类很喜欢某个人时，才会和这个人产生更深的牵绊。想要成为爱犬喜欢的人必须掌握正确的交流方法，这是非常重要的。不只是通过语言交流，还要加强和爱犬在心灵上的沟通，具体而言，有以下几种方法。

使用玩具和爱犬一起玩耍

在玩耍的过程中奔跑、追逐、捕猎、撕咬，这些都是犬类的本能，它们做这些运动时也非常开心。贵宾犬不仅记忆力好、运动能力强，而且非常聪明，喜欢具有挑战的活动，也会非常尊敬让它们挑战的主人。

当爱犬表现出色时要及时给予鼓励

因表现得非常好而得到主人的表扬，会让爱犬非常开心。当爱犬刚学会坐立时，很多人会积极鼓励它们。但过了一段时间，人们便会习以为常而忘记了鼓励，这时爱犬就会变得不安起来，因此我们要不断地鼓励狗狗，让它们感受到这种喜悦。

犯错时要严格教育

如果你不告诉爱犬什么事情是不对的，它们就不会知道。若它们因不知道而犯错受到批评，就会觉得非常委屈。我们要教给爱犬在家庭和社会中的规则，这样它们也会更信赖我们。

贵宾犬会尊敬和它们一起玩耍的主人

没有狗狗不喜欢玩耍的。和爱犬一起玩耍，让它们奔跑、追逐、打闹，释放天性会给它们带来快乐，而它们也会对提供这些玩耍机会的主人抱有尊敬之情。如果主人能陪它们一起玩耍，它们会更开心，这样主人和爱犬之间的感情也会更深。

重视它们的存在，让它们始终保持开心

狗狗总会给人一种充满活力的感觉，但其实它们非常害怕寂寞，希望有人能给它们提供安心的生活环境，陪伴它们好好生活。如果主人能够始终如一地爱它们，陪伴它们，它们也会对主人心存感激。

始终保持规则和态度的一致性

爱犬做了相同的事情，有时受到了批评，但有时又不会，或者做了应该受到表扬的事情，而主人却没有表扬，久而久之，狗狗就会不再信任主人，因此我们要一直用相同的态度对待它们。

在最佳的时机给予它们奖励

当它们完成学习内容之后及时给予奖励，这样能够增加狗狗对主人的亲近感，也会越来越愿意听从主人的指示。顺便说一下，如果因为它们喜欢零食就不断给它们吃，反而不会有太好的效果。

要明确告诉爱犬应该怎样做

发出指示时要简单明了。当爱犬听从指示完成动作之后，及时给它们零食作为奖励，狗狗就会明白这是它们应该做的。反复的训练也会让主人和爱犬逐渐建立起信赖关系。

在游戏中学会规则

从简单的训练到和主人建立起信赖关系。

通过游戏和主人建立起信赖关系

幼犬像小孩一样，非常喜欢玩耍，游戏可以丰富它们的内心，强健它们的身体。

在游戏的过程中，幼犬能把自己的注意力发挥到极致，我们可以利用它们想继续玩耍的强烈心情，使它们学到更多的东西。“非常棒”“不可以”“稍等”“过来”，像这样的语言训练不用特别进行，在游戏的过程中就可以教给它们。

在游戏时，主人要充分发挥领导力，使幼犬明白正确的从属关系。例如，有的狗狗喜欢向前冲，这时我们要拉紧绳子阻止它们。如果能在游戏中占据主导地位，在日常生活中，我们也可以很好地控制自己的狗狗。但是，有时狗狗不知疲惫，也没有保存体力的概念，如果游戏失败，它们就会不断地重复，直至最后完全没有体力，因此注意不要让它们过于疲劳。

对于幼犬而言，使用玩具玩耍5分钟就可以了。

和幼犬做游戏时应该注意的地方

●不要把玩具一直放在外边

外出游玩时候的玩具，只有在外出的时候才取出，对于狗狗而言，这件玩具会一直有魅力。当它们感觉终于可以外出玩耍这件玩具时，它们的心情才会更加激动。

●游戏时间的开始与结束由主人决定

和狗狗一起生活，主人应该始终占有领导地位。游戏开始的时间应该是由主人决定，游戏结束之后主人要立刻收回玩具。

●设定特别的玩具

我们要把一些玩具设定为对狗狗非常富有魅力的玩具，当我们希望它们好好接受锻炼或独自在家的时候才交给它们，往往能够发挥意想不到的作用。

●通过游戏学习礼仪

例如，我们可以在游戏中教会它们不可以到对面的房间。通过这些平时的训练，让它们在外出时不会随便前往别人的房间，遵守规则。

使用玩具进行玩耍

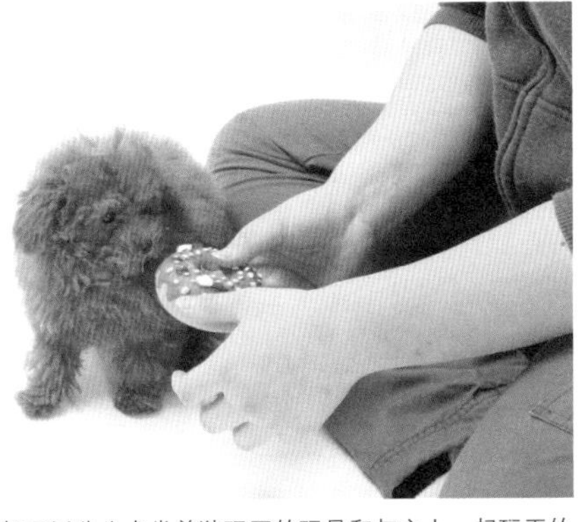

玩具一般可以分为犬类单独玩耍的玩具和与主人一起玩耍的玩具两种类型。如果是犬类自己玩耍的益智类玩具，可以在里面塞一些零食让它们寻找，这种锻炼可以使它们的大脑更发达。还有一种是可以和主人一起玩耍的撕咬型玩具，可以选择球或者带绳子的玩具，也可以在两个纸杯中放入零食，让它们一边玩耍，一边寻找，实现训练的目的。

爱犬究竟喜欢哪种玩具呢？
请您多多尝试一下！

抚触游戏

抚摸肚子让它们顺从，明白应该听从主人的话。

贵宾犬已经被培育为宠物犬，它们非常喜欢和人类待在一起，我们可以抚摸和按摩它们的全身。前腿对于动物而言非常重要，如果前腿出现问题，它们就有死亡的危险，所以很多犬类不喜欢被触摸前腿。因此，在日常生活中，我们可以通过慢慢触摸它们的脚底、头部、牙齿等部分，让它们逐渐适应。

聪明的贵宾犬往往会对训练产生懈怠

虽然贵宾犬是比较聪明的犬种，但是也不能疏忽对它们的训练。

利用表扬与批评避免贵宾犬成为随意撒娇的狗狗

贵宾犬是一种比较流行的犬种，由于没有养狗经验的人也可以轻松饲养，所以很多第一次养狗的人会选择贵宾犬。但是，贵宾犬成长很迅速，如果因为它们可爱而任由其发展，它们就会成为任性的狗，所以我们要用正确的方法训练教育它们。不管贵宾犬有多聪明，如果不认真教育，它们也分不清善和恶、对和错。训练教育的方法非常简单，当它们做得正确时就表扬，犯错误时就批评，让它们逐渐明白什么是正确的，什么是错误的。

我们要经常抚摸它们的身体，将它们培养成不管身体哪个部位被碰触，都不会反抗的狗狗。如果连主人也不能抚摸它们的身体，很可能是主人和爱犬之间的信赖关系还不够坚固，未来它们还有很多地方不会听从指令。

表扬和批评的话要掌握尺度，如果主人的指令混乱，狗狗也一定会非常混乱。

犬类的祖先毕竟生存在野外，所以特别不喜欢被别人碰触前腿，因为如果前腿受到了伤害，它们就会寸步难行，甚至危及生命。

此外，贵宾犬也不喜欢别人将它们的嘴强行打开。因此，在训练的时候，可以先把一只手放在它们的牙龈部位，用另一只手轻轻打开下颌，动作一定要非常轻柔，同时要用温柔的话语安抚它们，让它们逐渐适应。

1 当狗狗有尿意时，要抓住机会训练

幼犬睡醒睁开眼睛后，往往很快就会产生尿意，千万不要错过起床后的这个好时机，尽快引导它们去厕所。当它们不断地到处闻、打转时也是想要排泄的信号，也要尽快引导它们到厕所。刚开始时可能不会非常顺利，需要我们反复训练，让它们明白为什么这时要去厕所，之后逐渐形成习惯。

2 如果没有成功，当它们排泄完后，再次将它们带到洗手间

当我们尝试第一种方法时，可能会发现幼犬躺在厕所附近，甚至在厕所中睡觉。这是因为尿片非常柔软，接触皮肤的感觉也非常好，所以有的狗狗喜欢在那里睡觉。遇到这种情况时，可以将它们抱起来，和它们一起玩耍，之后再将它们引导到厕所，这样幼犬就会逐渐掌握上厕所的方法了。

3 即使失败，也不要斥责，要温和地教导幼犬

个体的差异会导致掌握上厕所方法需要的时间不同，有的狗狗很长时间都学不会。对于那些还没受过教育的狗狗而言，如果排泄失败而总是被主人斥责，久而久之，它们就会产生恐惧心理，甚至特意躲到床底下等隐蔽的地方上厕所，主人也会因为上厕所的问题变得歇斯底里，这样效果反而会更差，因此我们还是耐心地训练幼犬吧。

贵宾犬的常见病

了解疾病的相关知识，争取在早期发现。

玩具贵宾犬易患的疾病

为了贵宾犬的健康，不要忽视小征兆

虽然现在犬类的寿命已经大幅度延长，但让它们一辈子不得病还是不可能的。

在各种疾病中，有的疾病可以预防，有的疾病即便没有预防，只要在发病时及早治疗也可以完全治愈。为了有效预防一些疾病，在出现症状的初期我们就要快速应对，这也要求我们掌握一定的预防疾病的基础知识。

不管是什么犬种，其实都比较容易患病，因此饲养贵宾犬的主人提前掌握贵宾犬常见疾病的相关知识是非常有必要的，这对爱犬的健康管理也有很多好处。

眼睛疾病

白内障

症状：瞳孔内开始发白、浑浊，视力下降，随着病情的发展，有可能失明。

预防和治疗方法：可以进行人工晶体移植手术，由于犬类的耳朵和鼻子比较灵敏，即使视力不好也没有太大的关系。

角膜炎

症状：非常剧烈的疼痛导致眼睛无法睁开，经常是半睁半闭的状态，会流出大量的眼泪。

预防和治疗方法：可能是由外伤、过敏以及干燥等多种原因引发的，如果发现得早，可以完全治愈。

耳朵疾病

外耳炎

症状：外耳道发炎，出现瘙痒、耳漏等症状，经常有挠耳朵或回头的动作。

预防和治疗方法：贵宾犬是垂耳，耳朵长期不透风，可以经常用棉签给它们清理耳道，预防疾病。但清理时稍不注意就可能伤害到耳道，引发外耳炎，一定要格外注意。当出现相应症状时，最好不要触碰发炎的部位，尽早带爱犬前往宠物医院接受治疗，若治疗及时，可以完全治愈。

皮肤疾病

皮肤病

症状：皮肤瘙痒、皮疹、头皮屑、掉毛等同时发生。

预防和治疗方法：贵宾犬属于长毛犬种，平时皮肤被被毛覆盖，只有扒开被毛才能看清皮肤的状态。过敏、寄生虫、霉菌、内分泌紊乱等都可能会成病因，治疗的方法也各不相同，但是不管病因是什么，都要在其发展为慢性病前趁早治疗。

趾间炎

症状：在趾间发生的炎症。

预防和治疗方法：下雨和洗澡后都要仔细擦干脚尖，这样就可以预防趾间炎。有时犬类会因为压力大而舔或咬脚趾尖，这也是发病的原因之一，我们可以通过带它们一起玩耍来消除这种压力。

口腔牙齿疾病

牙周炎

症状：口臭，齿龈部分肿胀，流口水，严重时牙齿会松动。

预防和治疗方法：每天给狗狗刷牙可以预防牙周炎，如果已经有牙石，可以去宠物医院去除。

口腔肿瘤

症状：口腔内发生肿瘤。有时还会扩散到下颌骨，出现口臭、口水多、口腔出血等症状。

预防和治疗方法：即使不是恶性肿瘤，也会影响饮食，一般通过外科手术去除。

其他

甲状腺功能减退症

症状：甲状腺有调控机体代谢的功能，如果患有甲状腺功能减退症，就会出现体温低、没有精神、色素沉着以及脱毛等相关症状，大多在犬2～3岁时发病，目前该病被认为是遗传疾病。

股骨头坏死

症状：大腿骨变形、坏死，出现患肢提举、患疾的腿没办法移动或跛行、不想使用某条腿走路、稍微移动腿脚就会疼痛等情况。

预防、治疗方法：通过外科手术可以彻底治疗。

贵宾犬容易罹患的疾病

不常见的遗传疾病。

玩具贵宾犬最多发的疾病大部分都与遗传有关，如果发病了，在接受治疗期间，要更加精心地照料和呵护爱犬，陪伴它们一起战胜病魔。

进行性视网膜萎缩症

最开始病发时，狗狗只是在黑暗的环境下无法看清东西，慢慢在明亮的地方也开始看不见东西，最后会导致失明。

从刚开始看不清楚发展到完全失明，一般会经历6～18个月。有时狗的瞳孔会放大，还会逐渐产生白内障等病症。

这是大约70个犬种都会发生的疾病，目前已经确定属于遗传疾病，但是至今还没有完全治愈的方法。

髋关节发育不良

本病是常见于大型犬的遗传性疾病，但在小型犬中也会经常发病，通常被认为与多种遗传基因有关。因为小型犬体重较轻，有时不会导致无法活动，因此病情发现得也会比较晚。一旦发现爱犬走路的姿态有问题，就要及时带它们去拍摄X光片，这样就可以判断病情了。

腰部产生晃动、不喜欢上楼梯、走路时后腿像兔子似的一跳一跳……当发现这些情况时，爱犬可能已经患上了这种疾病。

如果走路出现问题，就需要去宠物医院检查了。

膝盖骨脱臼

膝盖骨指的是膝盖上面像盘子一样的骨头，脱臼就是这块骨头的外侧或内侧错位，贵宾犬大多会发生外侧错位的情况。

当脱臼时，狗狗的腿部就不能接触地面，它们常常会抬起生病的腿，同时还伴随着剧烈的疼痛。

膝盖骨脱臼有的是由遗传造成的，有的是由外伤引起的，不管是哪种情况，基本上都可以通过手术治愈。

如果是先天性的，那么在出生之后就会伴随髋关节发育不良等病症。

动脉导管未闭症

胎儿在母亲肚子里时，其动脉导管非常重要。动脉导管主要是指连接大动脉和肺动脉之间的血管，通常会在幼犬出生后的2～3天闭合。如果不闭合，血液流动就会出现问题，从而加重心脏的负担，如果不及时治疗，大概1年之内就会死亡。

患有这种疾病时，呼吸会变快，也不能做剧烈运动，往往很快就会疲劳，有时还会突然晕厥。一般在6个月之内就会出现明显的症状，如果没有症状，狗狗大概可以活到10岁。

癫痫

癫痫是由脑神经细胞传导异常造成的，一般是由脑部外伤、脑积水等先天性畸形或脑部肿瘤等引起的，也有一种是先天性的。但不管是哪种原因，狗狗大多都有携带这种隐性的基因。贵宾犬最常见的是先天性的。

一般通过服用抗癫痫的药物治疗，如果能明确发病的原因，就可以完全治愈。

冯·威利布兰德症

由于缺少冯·威利布兰德因子而使血小板不足或无法正常凝固血液导致出血，因此患上此病后，容易出血或出血不止。

二尖瓣关闭不全

该病是指位于心脏左心房和左心室之间的二尖瓣发生病变而无法完全闭合，最终由于血液倒流导致心脏瓣膜病的发生。发病时肺静脉血压上升会导致肺部淤血，产生肺水肿。有时还会因为腱索破裂，血液流入左心房而猝死。

预防传染病

对于那些可怕的传染病，预防最重要。

为了爱犬和周围的人，一定要重视预防

狗的传染病具有难以治疗的特点，稍不注意就有可能死亡。但随着兽医学的进步，通过服用预防药物和接种疫苗，很多时候还是能达到预防的目的。例如，最被人熟知的狂犬病，如果接种了疫苗，一般可以避免感染。

可以在每年的春季去宠物医院给狗狗体验的同时接种狂犬病疫苗、混合疫苗以及寄生虫预防疫苗，提前做好预防的工作非常重要。

疾病大体分为四种

1 传染性疾病

主要是通过注射疫苗进行预防，是可以提前预防的疾病。

2 容易患上的疾病

狗类容易患上的疾病，大多也是贵宾犬容易罹患的疾病（P62、63）。

3 特殊疾病

在各种疾病当中，常见于贵宾犬发生的特殊疾病（P64、65）。

4 遗传性疾病

主要是先天性的，一般是遗传性疾病（P64、65）。

狂犬病

狗狗容易感染狂犬病病毒，人也可被感染，发病死亡率高达100%。注射疫苗是预防狂犬病的最好方法，所以世界各国都会给犬接种这种疫苗。

犬瘟热

感染后会出现很多不同的症状，由于开始时多出现发烧、眼屎多、流鼻涕等症状，因此很容易被当作感冒。随着病情的发展，会逐渐演变成神经方面的疾病，甚至造成死亡。

犬传染性肝炎

主要通过患病狗的尿液、粪便以及餐具传播，开始病情较轻，之后逐渐加重，通常有1个星期的潜伏期，这时会出现发热等症状。

犬细小病毒

在幼犬期感染时死亡率非常高，感染力强是这种病毒的主要特征。

感染后会反复出现呕吐、腹泻、脱水等症状。

这种病毒主要攻击两种细胞，一种是肠上皮细胞，一种是心肌细胞，分别表现为胃肠道症状和心肌炎症状，幼犬多伴随心肌炎症状。

钩端螺旋体病

感染后会引发肾炎和尿毒症等疾病，病情发展后会出现呕吐、腹泻、便血等症状。

犬副流感病毒感染

由副流感病毒感染而引起的，常和细菌合并感染。

一般会出现较为剧烈的咳嗽，同时伴随食欲不振、精神萎靡等症状，最后还可能出现并发症，甚至导致死亡。

在气温波动剧烈的季节发病较多。

寄生虫病

狗狗感染的寄生虫分为体内寄生虫和体外寄生虫两种。春夏季节，当狗狗在户外接触有虫卵的地面或草地时，很容易感染体外寄生虫。况且狗狗喜欢用舌头到处舔，也会不可避免地感染上体内寄生虫。另外，蚊子也是寄生虫病的传播媒介。寄生虫寄生在狗的体内时，会给心脏造成负担，导致心脏肥大或肝硬化。

开始症状较轻，逐渐出现讨厌运动等情况，身体也开始变得消瘦。

狂犬病预防接种	混合疫苗	预防寄生虫病药
特点 接种狂犬病疫苗，法律规定饲养的主人有每年给狗狗接种狂犬病疫苗的义务。 时间、费用 第一次接种是狗狗出生后的3个月，以后每年4月份定期接种。在社区内进行养犬登记后，每年会收到接种通知书，因此不会因大意而忘记。	特点 有3～8种可以选择，接种的时候可以根据居住地区的多发传染病及生活方式进行选择。 时间、费用 大体上是狗狗出生后的2个月接种第一次疫苗，过3个月之后再接种第二次疫苗，以后可以每年接种一次。参加狗狗相关的活动时有可能会被要求提供接种证明。	特点 为内服药，可以杀死体内的寄生虫，但是如果已经寄生在心脏，药物就无法杀死寄生虫了。 时间、费用 不同地域服药的时间不同，一般是从4月份开始接受寄生虫检查，之后每个月服用1次驱虫药，一直持续到秋天。

在家即可自查的健康晴雨表

学习可以在家中给爱犬检查身体的方法。

脸 face

是否有光泽、
是否面色红润

眼睛 贵宾犬总会用明亮的双眼盯着自己的主人，当眼睛的光辉消失、眼球干涩、眼泪眼屎变多的时候，狗狗的眼睛可能就有问题了。此外，狗狗总是用前腿揉眼睛的话，也有可能是眼睛发生瘙痒等情况。

舌头 舌头呈现蓝白色、紫色或者很干燥的时候，可能就是有健康方面的问题了。当我们觉得狗狗的表现和平时有些异样的时候，不妨通过检查舌头来确认它们的健康情况。

鼻子 健康狗狗的鼻子是湿润的，如果出现干燥、流鼻涕、流鼻血等情况，就要带它们马上前往宠物医院。但是需要注意，狗狗在睡觉的时候鼻子是干燥的，所以确认鼻子是否湿润要选择狗狗醒着的时候，可以在狗狗起床一段时间后进行确认。

牙床 用手按压狗狗的牙床，如果按压后1～2秒才从白色变回到原来的粉色，可能是心脏和血液循环发生了问题。所以，我们可以通过按压狗狗的牙床来确认健康情况，正常情况应该是按压后很快恢复正常。

读懂爱犬身体发出的求助信号

狗狗无法通过语言表达它们的身体不适，第一时间发现狗狗身体出现问题的人不应该是兽医，而应该是饲养它们的主人。

通过观察和触摸狗狗的身体，可以看出它在健康方面存在的问题，及时消除它们不适的感觉，甚至还可以预防和治疗严重的疾病，因此请务必在日常生活中养成这种习惯。同时，抚摸狗狗的身体还具有按摩皮肤的作用，狗狗也非常享受这种感觉。

嘴 *mouth*

及时预防牙周炎等疾病

当狗狗出现口臭、出血、口水多、口腔溃疡以及吃饭较困难的症状时，有可能是得了牙周炎。注意在检查口腔时，不只是掀起它们的嘴唇，而是用双手包住上下嘴唇，再用4根手指彻底打开口腔全面检查。

当狗狗的耳朵红肿、发臭以及产生分泌物时，我们就要当心了。在检查时，不要只是用手掀开爱犬的耳朵，而要用手掌固定住其头部，仔细检查包括耳道在内的部位。

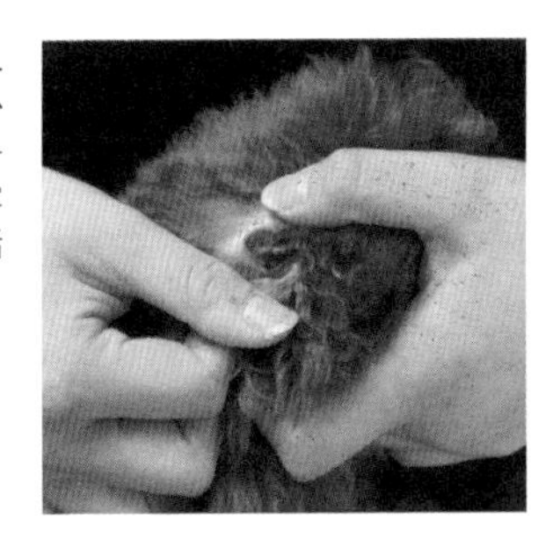

耳朵 *ear*

仔细检查容易出现问题的垂耳

脚底 *sole of the foot*

如果长时间在室内不愿外出，可能就是脚底出现问题

贵宾犬大多被饲养在房间内，如果外出散步时一不小心被东西割破了脚底，发生流血等情况，要马上检查，检查时要将它们的脚趾掰开，仔细观察脚垫的部位。如果发现爱犬自己舔舐脚垫，可能就是因为瘙痒而感到不适，请及时检查。

皮肤病的发生和过敏、跳蚤、虱子、霉菌等有关，而且还可能出现皮疹、湿疹、分泌物过多以及脱毛等症状。由于毛量较大，贵宾犬的皮肤疾病经常被忽略。在使用针梳给贵宾犬梳理被毛时，要仔细观察，当它们总是用后腿挠痒或舔咬被毛时就要多加注意了。

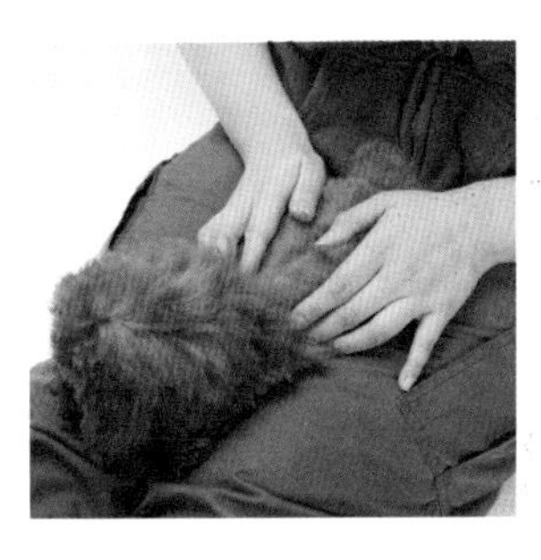

皮肤 *skin*

挠痒或舔身体就是出现问题的信号

腹部 *belly*

如果不喜欢被碰触腹部，有可能是产生了严重的问题

如果发现平时毛茸茸肥嘟嘟的贵宾犬体重减轻或偏瘦，就要多加注意了。如果狗狗的肚子不舒服，触碰大腿根部时，它们会发出痛苦的叫声。在检查腹部时，可以用双手从后面将它们抱起来，然后轻轻抚摸腹部，如果它们很讨厌这种抚摸，就很可能是内脏有炎症或者肿瘤。

四肢 *arms & legs*

若走路的姿势古怪，可能是骨头或关节有问题

若走路的姿势古怪或者不喜欢走路，可能就是腿或者腰部疼痛。首先要确认它们的脚垫是否受伤，如果脚垫没有问题，就要带它们去宠物医院就诊了。这时可能是出现了骨折或者关节、脊髓等方面的问题。此外，当狗狗的年龄变大后，腰腿的力量也会衰退，走路的姿势就会变得扭来扭去。

排泄 *excretion*

快速了解身体变化的信号

不要对狗狗的尿液和粪便视而不见，要养成收拾排泄物时仔细观察的习惯。当尿液和粪便的颜色和味道有变化，或者排泄的次数和排泄量异常时，就要当心了。对尿频或排泄物中带血、腹泻以及粪便不成形要特别注意，如果狗狗一整天都没有上厕所，要尽快带它们去宠物医院。

状态 *look*

痉挛等症状可能危及生命

突发性的痉挛有可能是由大脑以及神经系统方面的疾病引起的，也可能是由低血糖、尿毒症以及各种中毒症状引起的，这时可能有生命危险，一定要尽快联系兽医治疗。有时狗狗会突然晕厥，这大多是由于脑神经出现了问题，一定要尽快前往医院诊疗。

需要牢记的应急措施

●呕吐

犬是比较容易呕吐的动物，大多是由于进食过多，特别是幼犬，会经常发生呕吐的情况。如果呕吐后没有出现特别的情况，基本上不会有大问题。如果犬呕吐后身体状况变差，并出现反复呕吐等症状，大多就是疾病造成的了，也有可能是误食了什么东西，若不尽快处理就有可能脱水，这种情况比较危险，需要及时去宠物医院检查。

●眼睛里进入异物

用手去除异物或用水把眼睛冲洗干净。如果处理结束后爱犬感到疼痛，可以用浸冷水的纱布冷敷。

●受伤

如果使用纱布包扎伤口后继续出血，可以用纱布系住伤口的近心端，然后前往宠物医院。

●误食

如果爱犬误食了异物，要让它们尽快吐出来。将它们的身体倒置，然后大幅度摇摆震动。如果异物不是特别大，可以让它们饮用盐水，调制较浓的盐水灌入口中，也可以用勺子深入口中催吐。

●遇到交通事故

被车撞到后，狗狗有可能快跑，从而导致第二次交通事故的发生，一定要特别注意。在发生交通事故后，要先把狗狗移动到没有车辆的地方再处理。

冷静处理狗狗中暑

狗狗的身体部分不会出汗，天气炎热时，会伸出舌头快速呼吸以调节体温，因此狗狗很害怕暑热，也很容易中暑。当狗狗中暑之后呼吸会变得比较痛苦，牙龈也会变红，体温开始上升，这时我们需要快速地为其降温，然后移动到较凉爽的地方，将整个身体打湿，用冰袋、冷毛巾、冷饮料瓶等放在大腿根部、头顶的位置。在我们进行紧急处理的时候，可能会比较紧张，但是这样的紧急应对关乎狗狗的性命，一定要胆大心细地处理。

在公共场所需要注意的礼仪

遵守公共场所的礼仪，让爱犬的行为合乎规矩。

当爱犬兴奋时，要及时使它们冷静

饲养了身体娇小的玩具贵宾犬后，我们总想带它们到处散步。在公共场所不吵不闹、不乱咬人是基本的礼仪。当爱犬吵闹时，如果大声训斥它们，有时反而会让它们更兴奋，这时应该用低沉且具有威严的声音对它们说“不”，同时制止它们的行为。

当性格开朗、对人友好的贵宾犬遇到其他人时，可能会凑上前去，甚至跳着扑向对方，以表示它们的开心。但是，生活中怕狗的人很多，如果我们不及时制止它们的这种行为，就会给别人造成麻烦。在散步时要缩短牵狗绳，以控制它们的行动，当爱犬兴奋得跃跃欲试时，要发出“坐下”的指令，这种制止的指令平时就要多加训练。

4根手指穿过牵狗绳的中间部分，大拇指在圆环外侧，将圆环一直套到自己的手掌根部。

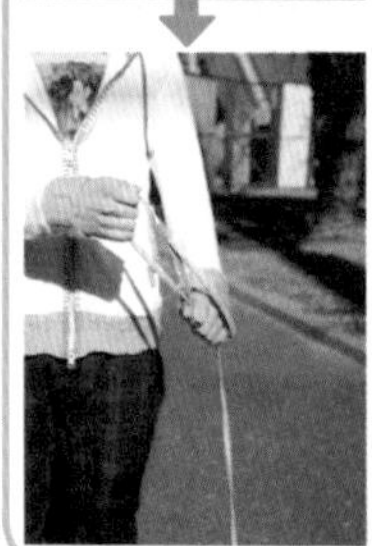

剩下的绳子可以随意握在合适的地方，根据散步场地的不同，调节长短。

训练狗狗坐下的方法

先将我们的手放在狗狗面前，然后向后伸出，同时发出坐下的指令。

如果狗狗不听话，可以用手握住它的尾巴根部，向下轻轻拉扯，辅助其坐下。

如果狗狗表现得非常乖，我们要及时拿出零食表扬它们。

1

7～8周之前让它们和兄弟姐妹一起生活

幼犬在和自己的兄弟姐妹一起生活时，它们会懂得不打架、不伤害别人等基本礼仪。如果在出生后7~8周之前就将它们和母犬分开，它们就没有机会学习这些基本的礼仪，未来就可能产生各种各样的问题，因此在7~8周之前，尽量让它们和兄弟姐妹一起生活。

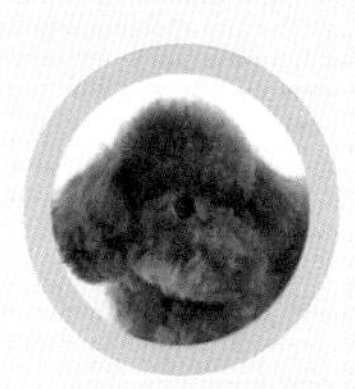

2

幼犬时期的社会化非常重要

在出生后的3～13周期间，幼犬对新鲜事物的适应能力会变得非常快，这是很好的社会化训练时期。在这个时期，虽然可以让它们尽早接触路上混杂的人流，但刚刚接种完2~3次疫苗的幼犬还不能很好地适应这种新环境。不过，我们至少要将幼犬放在便携箱内，到户外去体验生活，或者先让它们适应在笼子里的感觉。

3

成为爱犬尊敬的主人

即使它们在公共场所时非常兴奋，如果主人非常淡定，狗狗也不会太过分。此外，在外出时要及时制止狗狗的行为，教育和控制爱犬都很重要。如果不能成为被爱犬尊敬的主人，就很难管教好它们。

4

教育爱犬时不要叱责和体罚

有时我们教育爱犬时会斥责它们。但其实大发雷霆或斥责的效果并不好，此外，体罚更会起到反作用，这只会损害主人与爱犬之间的信任关系。如果想制止它们错误的行为，就要用短促有力、低沉的声音发出指令，同时也要告诉它们怎样做才是正确的。

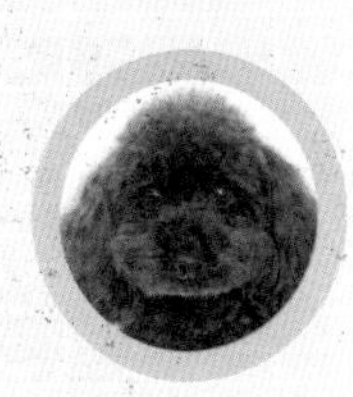

5

让爱犬熟悉主人的“平静信号”指令

犬类是使用身体语言的。“平静信号”是给不会说话的犬类传达意思时使用的指令，可以给生活中一些简单的动作赋予一定的意义，例如转动眼睛、伸懒腰、打哈欠、转身等，犬类会对这些动作做出反应，使主人和爱犬之间的交流更顺畅。

狗狗公园——主人和宠物犬的社交场所

在自由玩耍时更要让爱犬遵守规则，做好安全防范。

爱犬开心地转来转去如鱼得水

一蹦一跳、快速奔跑，这就是特别喜欢运动的贵宾犬。户外活动可以使爱犬脱离牵引绳的束缚，自由自在地跑来跑去，这一定是它们最喜欢的运动。在宠物户外活动中，性格开朗的贵宾犬和各种性格、年龄的其他犬种都能成为非常好的朋友。即使不会非常热情地和其他狗狗一起玩耍，也能很快融入其中。通过犬类之间的交流和玩耍，也能使它们进一步社会化。

在宠物户外活动时，主人之间也可以互相交流训练的经验和烦恼，得到很多有用的信息，是非常重要的场合。

由于没有牵引绳，在第一次和其他犬类见面时，一定要注意安全。如果发生打架的情况，由于身为小型犬的贵宾犬会经常受伤，建议首先选择那些主要是小型犬的游乐园。如果我们觉得爱犬不能很好地适应，就要懂得随机应变，马上将它们带走。

还有一些狗狗不太喜欢犬类户外活动，不喜欢也不是什么错。我们要充分尊重它们的个性，为它们提供其他的游戏方式。

参加宠物户外活动时应该遵守的规则

1 有一些地方需要提供疫苗证明

很多公园是不需要提供狗狗的医疗证明，但是某些游乐园则需要您出示相关许可证，以及狂犬病疫苗和混合疫苗接种证明书等。我们应该记得把这些证明带到现场，在狗狗参加活动之前，在申请书上登记好证明的编号。难得参加让狗狗自由玩耍的活动，最终由于我们没有带相关的证明而不能入场，一定非常遗憾，为了避免此类事情的发生，请先打电话确认一下。

2 不要让自己的狗狗离开自己的视线

在狗狗们参加比赛的时候，主人们大多会三五成群地开心聊天，这是非常普遍的现象。其实这样并不好，当我们带狗狗参加活动的时候，我们要始终关注它们，监督自己的狗狗是主人应尽的义务。同时，手中应该始终拿着牵引绳，如果出现和自己的狗狗不合拍的其他狗狗，一定要立即把自己的狗狗拉走，保证爱犬的安全。

3 请不要携带玩具及其他零食

在我们的狗狗和其他狗狗一起玩耍的时候，请一定不要带这些东西。如果被其他狗狗看见玩具以及食物，我们自己有可能受到攻击。有时我们会把教育狗狗的零食放在上衣口袋，也要记得取出后再入场。

4 尽量避免带处于发情期的雌犬参加活动

如果自己的狗狗还没有妊娠，就要尽量避免在其发情期的时候带它们参加户外活动，因为它们的出现可能对其他的雄性狗狗带来刺激，甚至发生打架以及其他事故。还应避免带着处于发情期的狗狗参加其他社交活动，因为有可能发生意想不到的事情。即便狗狗例假结束之后，狗狗依旧处在发情期中，所以在发情期结束之前，我们应该尽量避免带它们参加户外活动。

咖啡店——和爱犬充分享受悠闲假日

让我们在期盼已久的咖啡馆之行中充分展现爱犬的礼貌吧。

犬类应该遵守的餐桌礼仪

带着漂亮时尚的玩具贵宾犬在街角的咖啡店休息，我想这是玩具贵宾犬的主人都非常憧憬的场景。玩具贵宾犬非常聪明，它们能很快学会咖啡馆中的礼仪。

对于犬类而言，咖啡店中的很多东西都能吸引它们的注意力，例如在旁边走来走去的店员、其他顾客和狗狗、餐具的声音和背景音乐、发出诱人气味的食物等。在这样有多种外界刺激的环境中，正是考验主人对爱犬控制能力的时候，为防止贵宾犬跳来跳去寻找桌子上的食物，平时就要教它们餐桌上的礼仪。

在咖啡馆里喝咖啡的时候，要让爱犬始终在自己的身边。同时随身携带狗垫，放在椅子的下边，让它们知道应该在垫子上安静地待着。

在咖啡馆的基本姿势是趴下。当主人发出“趴下”的指令时，它们就要老老实实地在垫子上趴下。如果被周围的事物吸引，想要随便乱跑，主人要发出“等待”的指令。总之，任何时候都要让它们保持礼貌。

DOG CAFE

进入咖啡馆应当遵守的礼仪

1 清理跳蚤、虱子，防止传染疾病

在公共场所，特别是咖啡馆等公共场所，要特别注意卫生，因此我们在平时的时候就要给自己的狗狗驱虫、接种狂犬病疫苗以及混合疫苗。虽然贵宾犬掉毛较少，但也应该将它们清洁干净后再带入店中。

2 尽量在店铺外面完成上厕所

我们要尽量避免它们在公共场所出现不雅的举动，在进入店铺之前，请提前让它们排泄干净。如果我们的爱犬进店后想上厕所，要快速带它们出门。如果它们实在难以忍耐，我们可以在垫子上盖上尿片，但是在讲究卫生的人看来，这样也是非常不雅观的。

3 一定要始终使用牵引绳，不要让狗狗随便乱走

缩短牵引绳的长度，以便在突发情况时及时控制。很多人会因为自家狗狗对人非常友好而不用牵引绳。虽然有些店铺也会默许这种行为，但是这会给客人以及店员造成麻烦，甚至出现问题。同时，店铺中也有很多不喜欢狗狗的顾客，因此我们一定要注意。

4 不要让狗狗坐在人坐的椅子上面

店里的椅子是给人坐的，即便空着，我们也不要让狗狗坐到椅子上。没有穿鞋的狗狗爪子比较脏，如果它们站到椅子上，还有可能会用鼻子来闻其他客人盘子中的食物。

5 不要给狗狗吃人类的食物

在家中饲养的时候，我们有时会给它们喂一些自己的食物，这并没有太大的问题。但是在咖啡店中就要特别注意，我们这种爱狗狗的行为，在他人看来却是非常失礼的事情。换言之，从卫生的角度来看，使用人类的餐具给狗狗进食也是非常不好的。如果店铺中有给狗狗准备的菜单，我们可以为它们单独点菜。

6 不要带发情期中的雌性犬去咖啡店

不要带没有避孕、在发情期的雌犬进入咖啡店，因为它们往往会使雄犬变得兴奋，给其他客人造成麻烦。有人说我在咖啡店待得时间不长，就把它们带进来了，但其实这样也是违反礼仪的事情。

旅行和自驾游——共同分享快乐

带着爱犬一起外出旅行，能使爱犬的生活丰富多彩。

在保障爱犬安全的前提下，和它们一起开心旅行

最近能与犬类一起入住的民宿多了起来，使我们能轻松享受远行和旅行带来的快乐，自驾可以根据自己的节奏安排行程，是非常适合带上爱犬一起旅行的方式。但是要注意，如果犬类在旅途中受到太阳直射，很容易引发中暑。在开车窗或开门的时候，狗狗也可能会跳出车外发生事故，一定要特别当心。

如果想选择电车、飞机等公共交通工具出行，平时就要让狗狗习惯待在笼子或者便携箱中。

TRAVELING, DRIVING

让狗狗爱上旅行的好方法

1 让它们适应乘坐汽车

车里会有独特的气味和震动感，没有乘车经验的狗狗一开始会不习惯，所以我们要提前让它们适应汽车中的环境。我们可以在车子熄火的状态下，抱着狗狗在车里吃零食，稍稍习惯之后可以点燃引擎，让它们逐渐适应车里的声音和震动。如果主人比较放松，狗狗的紧张情绪也能够得到缓解。

2 从短途旅行开始尝试

当狗狗熟悉车内环境之后，我们就可以开始尝试较短的旅行了。我们可以先开车在家的周围转一圈，然后逐渐延长时间。狗狗可能会对车的震动产生恐惧感，这时候我们要一边说没关系，一边安抚它们的心情，就会使它们感觉好很多。因为狗狗的体重较轻，对于车辆的移动比较敏感，也容易发生晕车，所以我们要尽量避免急刹车，使用较平稳的速度运行车辆。为了防止狗狗晕车以及保证狗狗安全，在旅途的过程中，我们可以把它们放在便携箱中或使用专用的狗狗安全带，让它们的身体保持稳定。

3 带它们反复前往喜欢的地方

狗狗不喜欢汽车的原因有很多，因为很多时候坐车就是会去宠物医院或给它留下不好印象的地方。在不知道会被带到哪里去的狭小空间内，它们有可能会感觉到不安，所以最开始我们可以开车带它们去喜欢的公园，然后一起玩耍之后再回家，重复这样的练习。

难道说它们讨厌这些事情吗?

如果尝试了上述步骤之后，狗狗还是不喜欢汽车，有可能是由于以下的原因。这些原因是否和您家的爱犬相同呢?

- 不喜欢车辆的震动、气味以及声音 → 变更车辆的种类有可能会改善
- 由于腰疼，不适应车内的振动 → 通过治疗改善症状
- 总是晕车 → 服用晕车药可以改善

专栏 3

用辅食给爱犬制作简单的料理

最近非常流行亲手给爱犬制作料理。在制作的过程中香气四溢，爱犬也会非常喜欢。看着爱犬激动的眼神，主人一定也会非常开心。可以去书店找一找手工制作犬类料理的书籍，照着料理书制作也是不错的。但需要提醒大家注意营养均衡，犬类有其相应的营养均衡比例，也有一些食材不能食用，跟着食谱制作能更放心，如果因为怕麻烦而跟着自己的感觉制作，很可能给爱犬的健康造成损害。

在这里推荐您加入简单的辅食给爱犬制作料理。在搭配料理时，市场上购买的狗粮和辅食的比例是9:1，把辅食放在狗粮上即可。在狗狗没有食欲时，可以简单地在上层放上鸡肉、奶酪等。如果怕狗狗发胖，可以再加上一些蔬菜，整体的分量变化不大，但是热量会减少很多。此外，如果爱犬的被毛比较粗糙，可以在食物中加入植物油。如果饮水量较少，可以加上汤。我们可以根据需求变换饮食，但需要注意，有时爱犬会只喜欢吃上部的辅食，而不吃其他的主食，为了防止它们挑食，每天都要监督它们把所有的食物吃完。

成年犬的饲养

对于已经完全成为家庭成员的贵宾犬，
我们最在乎的就是它们的健康和每天快乐的生活。
这里为您介绍您必须了解的有关成年犬的知识。

聪明伶俐，善于眼神交流，能够对主人的指令心领神会

双眼间稍微有一点点距离，
但是呈现杏仁形状的眼珠中
总是透露出聪明和好奇心。

喜欢和主人学习新东西，专心且积极向上！

毛茸茸的样子让人真想一把抱住！

让人新生爱意，
具有高贵气质的
发型。

这个周末一起出去玩儿吧！

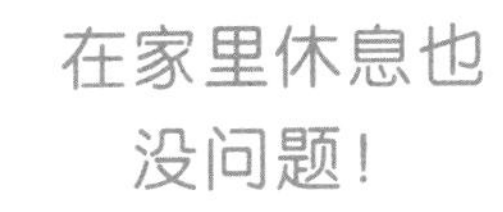

甜甜的、软软的，

好像软糖一样。

头顶和耳朵上都有极具质感的被毛，不愧是讨人喜爱的狗狗。

想要和你交朋友，

不知道可以吗？

和其他人或者狗狗非常友好，很适合一起外出玩耍。

身体轻盈，具有如同弹簧一样的弹跳能力，清爽的造型和充满魅力的动作惹人喜爱。

想要去探索
未知的世界！

虽然已经 15 岁了，
但是我依旧很可爱吧？

度过充实的成年期生活

天真无邪的幼犬期结束了，进入自己最具魅力的时期。

和狗狗一起生活的黄金时期

成年犬期的贵宾犬会散发出它本身具有的气质，那种可爱是由内到外洋溢出来的。在这个时期里，狗狗的气力和体力都非常的充沛，是我们和狗狗共同生活的黄金时期。此时，作为主人，我们要给自己的爱犬更多更好的东西，首先就是让它们拥有健康的体格，让它们尝试不同的造型，去尽情享受只有贵宾犬才有的造型上的变化。

带它们游玩以及外出的时候，作为已经成年的它们是没有什么不可以挑战的事情，在和它们一起行动的同时，也要和它们不断地进行心灵上的交流，让我们一起和它们成为彼此不可分离的成长伴侣吧。

同时，还有一些需要在狗狗成年之后注意的地方，与幼犬期相比，它们的热量消耗能力会减弱，因此成年之后有可能会变肥胖。同时，与幼犬不同，它们在学习和行动的方面也不会那么认真了，但不管怎样，这些都与主人的培养是分不开的。

长长的四肢和非常匀称的体态，让它具有一种朦胧的美感，身体也逐渐成长为大狗模样。

饮食　变更成有一定热量控制的成年犬食谱

选择适合成年犬的饮食，强健它的身体

能够提供成年犬力量的就是含有能量的食物。选择正确的饮食，打造它们强健的体魄。

在狗狗出生后的8~12个月，可以逐渐把幼犬食用的高热量食物转化为成年犬所需要的食材。但是突然的变化有可能造成腹泻、呕吐、消化不良等情况，因此我们要在一直使用的食材中逐渐加入一些变化的食材，大概维持一周的变化期，饮食的频率大概是一天两次。

我们可以买到不同的食材，这时候应该选择一些完全营养餐。在完全营养餐当中，会有很多原料以及形状都不相同的食物。

在狗狗的一生当中，偶尔会有受伤或住院的情况，这时我们会让它们吃一些与平时不同的食物，为了减少狗狗的抵抗，平时我们就要注意经常变化，让它们逐渐适应，避免挑食。

如果食物拿出后30分钟还有剩余，我们就要将餐具收拾起来。因为剩饭后我们还给它们其他食物的话，狗狗就会认为越是剩饭越会得到其他好吃的东西，久而久之就会形成挑食的坏习惯。

手工食物以及狗粮

手工制作狗粮是需要我们在充分了解狗狗必要的营养元素之后再开始的。如果狗狗习惯了这些手工制作的食物，生病的时候它们有可能就不会吃医院给的东西了。因此，我们要培养它们既吃手工制作的食物，也吃狗粮，养成良好的习惯。我们可以在一般的狗粮中加入一层它喜欢的食物放在顶部，您不妨也试一试这种方法。

●不要给狗狗零食吗？

在训练中给狗狗零食，可以使训练的效果更好。我们在计算好一天的食物总量之后，零食部分的营养计算在内，这样就不会使它们变得太胖。对于狗狗牙齿比较好、具有特定营养价值的零食有很多种，我们要合理利用。

●干狗粮和湿狗粮哪个更好？

干狗粮不会弄脏狗狗牙齿，而湿狗粮富含水分，能起到补水的效果，而且香气浓郁，狗狗非常喜欢，所以在狗狗没有食欲的时候，可以把干湿狗粮混合后让它们食用。因为湿狗粮容易变质，所以开封之后，应该在冰箱中保存，尽快食用。

即使不用刻意减肥，也能避免发胖的饮食疗法

贵宾犬很活泼，同时它们的食欲也非常旺盛，如果吃多了，很快就会长胖。成年犬和幼犬相比，它们消耗的热量会降低，如果只要有食欲就进食，它们的肥胖会愈演愈烈。它们经常喜欢和人在一起，是比较黏人的犬种，因此我们用餐的时候，当它们稍微有所求，我们往往就会顺便给它一些食物，这样的事情是经常发生的。

但是，如果出现肥胖，会对心脏及肝脏造成危害。贵宾犬的膝盖较为柔弱，如果体重增加，也会对膝盖产生负担，造成膝盖骨脱臼等疾病。一旦贵宾犬的体重增加，就要增加一定的运动量来减肥，其实这是比较困难的，因此我们可以通过饮食来进行调解。同时，减肥对于狗狗而言也是会产生一定的压力，所以我们平日就要控制它的饮食，吃到八分饱即可。

现在流行能够调节热量的手工狗粮，在其中加入富含水分的食物也能够使狗狗产生满腹感。对于想要尝试手工制作狗粮的朋友，我建议您选择蔬菜、肉以及米饭一起煮，这样比较轻松简单。

简单的肥胖确认方法

我们可以通过触摸狗狗屁股上方的腰骨部分，如果能够明确感受到狗狗的骨头，说明体重就是正常的，如果已经摸不到骨头了，就是有一些肥胖了。肥胖后会使贵宾犬的魅力大打折扣，原本轻盈的动作也变得不好看了，这时我们需要控制其饮食和运动的量，以及零食的供给量，改善它们的生活习惯。

运动　适量运动打造强健体魄

让它们充分地活动身体，激发身体的能量

喜欢跳跃、动作灵活的贵宾犬，其实并非需要大运动量的犬种，再加上贵宾犬长得像毛绒玩具一样可爱，所以很多饲养者都会在如何让它变得更可爱上花费心思，久而久之就忘记运动的重要性了。但是督促它们锻炼肌肉，形成具有力量的身体才是最重要的。

防止肥胖，运动不可或缺。当狗狗变胖的时候身体也会变重，运动也会变得越来越难，这样一来它们就会越来越胖，变得更不喜欢运动，同时睡眠也会变浅，心理方面也会逐渐产生问题，这些不好的地方是不容小觑的。

因此，我们大概安排一天两次30分钟的散步就可以了。这种散步并不是仅仅使用牵引绳带着它们散步，而是要带着狗狗在可以跑动的公园里来回跑步，每天进行不同种类的运动，人和狗都会感觉到快乐。当我们使用玩具或者玩具球和它们一起玩耍的时候，我想你们也一定会觉得贵宾犬不愧是曾经的马戏团犬种，这时候狗狗也会显示出超过主人预期的良好身体运动能力。

动脑子的室内运动也是非常适合贵宾犬的

贵宾犬记忆力好、喜欢和人玩耍，我们推荐您可以和它们一起在家庭中进行需要动脑的运动。我们可以把零食藏在靠垫下面，和它们一起玩捉迷藏。下雨的时候，在家庭中做这样的游戏，既保证了爱犬的运动量，也能够让它们感到开心，通过这样快乐的玩耍，我们可以和狗狗进行良好的交流。

我们可以根据时间来灵活决定散步方式

很多朋友会严格按照散步的时间和既定的线路带狗狗散步，不管天气情况如何都会坚持完成，但其实这样反而会对狗狗的健康造成损害，例如大雨天还带着狗狗外出就非常不好。如果外出散步的时间过于规律，固定的时间不能外出散步，狗狗也会产生相应的疲劳。其实，我们可以根据自己的时间来决定每天散步的时间段。

夏天容易中暑，因此推荐在太阳升起前的清晨以及地表温度较低的晚上来散步。但是不管是早上还是晚上，夏天都是非常热的。因此，要注意控制狗狗的运动量。相反，冬天要在太阳升起后，比较暖和的时候带狗狗外出。

即便不运动，只是简单地晒晒太阳，狗狗也会非常开心。

遇到下面情况应该怎么办?

●散步途中希望被抱着

有的狗狗喜欢被抱着外出，因为被抱时视线较高，感觉非常舒服，但是我们不能一味地满足它们的要求，要让它们自己走路或者跑步，我们要努力教会它们自己散步的快乐。

●和其他狗狗擦肩而过的时候会乱叫

此时把它们抱起来是不对的。狗狗被抱起来的时候视线变高，会觉得很有优越感，反而越叫越凶。这个时候我们要发出“坐下”或者“停止”的指令，如果它们乖乖地听话，我们就要马上加以鼓励，反复训练之后，它们就不会随便乱叫了。

压力　形成自己的性格，讨厌的事情增多

感官灵敏的狗狗有很多害怕的东西

当聪明的贵宾犬进入成年犬期之后，自我意识会增强，也会逐渐对某些不擅长的事情出现讨厌等情绪。“这些事情狗狗不喜欢，那我们就不要强迫它们去做了！”乍一看这样是正确的，但其实对狗狗并不好。

这种厌烦的情绪会产生一定的压力，有时会掉毛、拉肚子，甚至咬自己的身体。

产生这种情绪的原因有很多，但不免会让主人产生“我的狗狗是不是胆小鬼呀”的想法。其实狗狗的嗅觉、听觉都非常敏感，人们感受不到的东西，它们都能够感受到，对于这个充满刺激的世界，狗狗可能在很多地方受到刺激，因此在狗狗产生这种失落的情绪之前，我们要让它们努力克服，减轻压力，以便平稳地过好每一天。

此外，我们还需要注意狗狗青春期的反抗，在性成熟之后的1岁半到2岁半之间，狗狗会对主人的态度变得非常不友好。如果我们不注意，主人与狗狗之间的主从关系就会发生变化，久而久之，主人就会失去对狗狗的控制力。为了修正这种关系，我们要对它们进行专门的训练。

对于成年犬而言，吸收新鲜的知识需要花费多长时间？

通常我们会认为，教育狗狗的时间和它们的年龄是相同的。例如，3个月大的幼犬，需要花费3个月的时间对它们进行教育。但是，不管是幼犬还是成年犬，只要花费时间训练狗狗，我想它们一定都是能够掌握的，因此我们不要认为自己的狗狗吸收知识的能力差，要知道，随着年龄的变化，学习掌握时间的长度也会变化，要不断努力地教育它们。

让爱犬健康长寿

了解高龄犬特有的身心状态，保持对它们的感情不变。

已经18岁的长寿犬，
被毛的密度和卷曲的
程度都变小了。

悉心照料它们的晚年生活

贵宾犬的平均寿命是12～13年，当狗狗到10岁左右的时候，我们能明显感觉到狗狗上年纪了。当它的眼睛开始变得老花浑浊时就是开始变老的最初信号。因为贵宾犬的被毛比较浓密，即便上了年纪，身体上也不会有太大的变化。当狗狗的年龄超过10岁之后，被毛也会随之变得比较稀疏，皮肤开始出现褶皱。黑色被毛的贵宾犬会开始生长白发，越来越像高龄犬。

随着兽医学的发展以及主人们健康意识的提升，狗狗的寿命和从前相比有了大幅度地延长。但是即便如此，从7岁开始它们便步入了老年，而且狗狗年龄的增长速度是人类生长速度的4倍，因此大多数主人都会体验到狗狗年老之后的养老生活。

在现在长寿的时代，我们追求的不单单是让狗狗生活得更好，而是让它们能够享受到美好的晚年生活。我们尽量让它们保持年轻的身体，并让它们通过饮食、运动以及环境等方面的调节，逐渐减慢老化的速度，减少生病的可能性。

我们为饲养狗狗倾注了很多精力，当狗狗们上了年纪，我们也要为它们的晚年生活提供各种方面的支持和帮助。

变化 年老之后会产生怎样的变化

身体各方面产生的老化现象

在黑暗的地方会撞上东西。

睡眠时间变长。

叫它们时变得没有反应。

老化的信号会出现在身体的方方面面。贵宾犬美丽的被毛会黯然失色，在尾巴以及眼睛周围出现掉毛的现象。视力下降，有时会在较黑暗的地方撞上物体，扔出玩具球后它们会不知所措。听力也会逐渐下降，听到叫自己的名字也没有反应。身体上会出现湿疹或者硬疙瘩，睡眠的时间也会逐渐增长。在年轻的时候，遇到小鸟就会有很大的反应，现在会逐渐变得无动于衷，动作也变得迟缓了起来。走路以及排泄、进食都会产生困难，有的时候会一直睡觉，脑子也变得不灵光了。这个时候更需要主人对它们进行呵护和照料。

消除狗狗遇到的痛苦也是主人应尽的义务。当狗狗年龄增大之后，我们要付出更多的心思和精力来照顾它们。

围绕老龄犬的相关问题

●是否适合再次领养年轻的狗狗?

我们经常会听到，当家里迎来新的小狗时，高龄犬会变得更加精神。其实，它们并不喜欢变化和刺激，当和这些好奇心强的小狗接触的时候，或许已经打搅了它们的休息。

●在看护的时候需要注意什么?

当它们不能够自己进食的时候，需要我们用勺子将狗粮喂到它们的嘴里。当它们不能动的时候，我们要用手来帮助它们挪动身体。需要上厕所的时候，也需要我们将它们带到厕所。

饮食

和年轻时的进食量相同是造成肥胖的原因

6岁时是狗狗一生中的一个转折时期，狗狗的新陈代谢会减慢，如果再使用和年轻时相同的狗粮就会变得肥胖。这大概和人到中年的肥胖差不多。当贵宾犬的年龄增长之后，运动量会减少，肌肉的力量也会降低，很容易肥胖。所以，超过7岁之后，我们就要为其选择低热量的中年狗粮了。

随着年龄的增长，胃部的运动会变差，唾液以及胃液中消化酶的分泌量也会减少，如果还给它们喂食比较硬的食物，会造成腹部的负担。同时，它们的牙齿以及下巴的咬合能力也会逐渐变弱，因此那些较硬的食物吃起来会比较费力。这时候我们可以在食物中加入热水，软化食物，并分多次喂食，这样它们就容易消化和吸收了。

7岁之后开始使用高龄犬专用的低热量狗粮。

这个时候我们应该怎么办?

●太有食欲了，就给它们低热量食物

我们把蔬菜、豆腐以及豆腐渣等食材与狗粮混合，这样让它们看起来有很多，可以给狗狗满足感，同时也会降低热量，零食也可以选择黄瓜片等低热量的食物，即便吃很多也不会变胖。

●容易剩饭怎么办?

我们可以在湿狗粮的顶部装饰一下，稍微花一点心思，就可以促进狗狗的食欲，在狗粮中搭配汤或者加入热水，这样都可以提升狗狗的食欲。

注意狗狗的新陈代谢和肾脏

注意饮食和水分的摄入，让进食更加顺畅

因为狗狗的肾脏机能已经开始下降，所以补充水分是非常重要的。为了能够让它们及时饮水，一定要事先准备好，但是即便把水放在那里，有时它们也未必主动去喝，这时我们可以在水中添加狗狗牛奶，让水更有味道，它们就会比较开心地饮水了。

对于高龄犬而言，它们的食欲变化无常，因此为它们准备食物的时候，可以把食物切碎，在上面放上豆腐渣以及脂肪较少的精瘦肉、鱼肉等优质蛋白，帮助它们恢复食欲。

因为消化能力也下降了，所以可能会形成慢性腹泻，如果食物切得过细，很可能变成宿便，再加上水分摄取过少，尿液会变成非常浓。粪便和尿液是健康的晴雨表，因此我们在清理排泄物之前，可以先观察一下，再考虑食物的变化。当然，必要时可以带它们去宠物医院。

高龄犬最适合的饮食

给它们一些喜欢的食物

在狗狗年少的时候，对于一些不怎么喜欢好好吃东西的狗狗，我们要保持比较严格的态度，但是对于高龄犬而言，首先要让它们能够正常地进食，如果不吃，可以在狗粮上面做一些装饰，提高它们的食欲。

加入橄榄油，让被毛更有光泽

当狗狗年龄变大之后，被毛会变得粗糙，看上去就像老龄犬。这时候我们可以在食物中加入一些橄榄油，让它们摄入优质的植物油，这样被毛就会有一定的光泽。但是，为了避免热量过量，一定要控制用量。

盐分是高龄犬的大敌

对于狗狗而言，人类食物中所含有的盐分过多，即使成年犬也不行，更何况是肾脏功能低下的高龄犬了。如果非要给狗狗喂食人类的食物，切记一定不要给它们吃火腿等食物。

运动 为了健康，运动是必要的，但是不要勉强

让狗狗接触外部世界，可以保持头脑年轻

最近您的爱犬在散步的过程中是否会突然停止走路，甚至有的时候会昏倒？

因为它们已经上年纪了，所以和年轻的时候相比，相同的运动量，对于腰、腿以及心脏都会形成负担。贵宾犬膝盖较为薄弱，有可能会引发膝盖骨脱臼等情况，因此我们要根据实际情况，逐渐调整时间、距离以及步行的速度。高龄犬对于过热或者过冷的天气都比较敏感，秋冬季比较寒冷的时候，我们可以让它们穿上衣服。

有的朋友会因为狗狗不太喜欢外出散步而终止，但是对于身体机能而言，不活动就会加速衰老，适度的运动可以锻炼肌肉、避免萎缩，同时还能防止肥胖等情况。但是，过于频繁的下蹲等动作会对它们的关节产生影响，引发关节炎，所以我们要注意观察。

特别是狗狗身体状况不太好的时候，没有必要强行带它们出去散步。可以在室内放置一些垫子或者毛毯，让它们不容易摔跤，然后在室内和它们做游戏，保证一定的运动量。

对于高龄犬而言，与其说散步是为了保持体力，不如说是为了让它们放松心情，因为接触外部世界，才可以保持脑部的年轻，这是一个秘诀。当它们散步回来之后，要让它们饮用大量新鲜的水，一定不要忘记哟！

对于高龄犬而言，心情以及身体状况都是不稳定的，所以我们每天都要确认它们的情况，以更好地安排散步的具体时间。

发挥自行车车筐的作用

当狗狗散步时停止走路，年轻的狗狗是因为不想散步而趾高气扬地撒娇，但是对于高龄犬而言，它们可能是因为体力不支了，这时候我们就要抱起它们，将它们放在车筐里。

压力

剧烈的变化给它们带来巨大的压力

当它们的感觉逐渐变迟钝之后，外界的刺激也会变得非常恐怖

吸收能力强、希望学习很多新鲜事物的贵宾犬，当它们年龄变大的时候，适应新鲜事物的能力也会逐渐衰退。对于自己的变化会感觉到痛苦，甚至产生很大的压力。

经常会听到“随着年龄变大，狗狗也会变得顽固”的说法，其实这是真的。当它们适应外界刺激的能力逐渐变差的时候，性格也会变得顽固起来，而且随着年龄的增长，感知能力也会变弱，这也是其产生压力的原因之一。听觉、嗅觉、视觉都会变迟钝，对于周遭世界所发生的事情，也逐渐变得不能适应，久而久之，直接导致它们对于陌生的事物或者突然出现的情况产生过度的恐惧。

它们身体的抗压能力也会减弱，年轻时可以应对的严寒酷暑，逐渐变得很难适应，特别是对于疾病的抵抗能力会明显变低。

老化也存在个体差异吗?

有的狗狗会因为老化而变得顽固，而有的狗狗随着年龄增长，性格反而会变得更好。大多数高龄犬的食欲以及食量都会减弱，但也有一些狗狗变得更加能吃。因此，老化也有个体差异，但最重要的是，要让它们平稳地度过每一天。

为了避免高龄犬产生压力，我们尽量不要做下面这些事情

搬家

居住的环境发生巨大变化时，会让高龄犬产生压力，如果真的要搬家，我们可以选择使用相同的笼子或垫子，给它们多一点安心感。当房间里的家具发生移动和变化的时候，感官减弱的高龄犬甚至会撞上家具。因此，我们在布置的时候就要特别注意。

新鲜的体验

结识陌生人或狗狗、参加狗狗的聚会等需要接受新的挑战的事情就不要强求它们面对了。散步的路径也尽量不要有明显的改变，在相同的道路上遇到不同的人、狗、声音、气味等，对于高龄犬而言，这样的接触已经足够了。

变更饮食时间

每天都在相同的时间进食，可以给它们很大的安心感。相反，如果饿肚子的时间变长，它们就会变得不安。因此，每天都让它们安心地进食，狗狗的食欲也会变得比较稳定。

早期发现及治疗可以避免更严重的病情发生

当狗狗过了1岁之后，大约以人类成长速度的4倍进行发育。因此，发病的情况也非常迅速，当我们觉得狗狗发病，身体状况不是特别好的时候，有可能很快就会恶化。当然，在家庭中对狗狗检查也是可以的，但想要知道内脏中的异常就比较难了。

这时候我们就要带它们去宠物医院做定期的健康检查，如果没有特别的疾病，成年犬大概每年一次，高龄犬则至少两次，请您一定要养成这样的一种习惯。

对于高龄犬而言，经常会得的疾病有3种，分别是肾脏病、心脏病以及癌症，每种都会危及生命，如果通过体检及早发现，治疗的效果也会相应地提高。兽医还会根据爱犬的情况，给予一些生活中的建议，因此，时常去宠物医院，对于狗狗的健康而言是非常重要的。

接受健康检查

健康检查基本包括血液检查、了解内脏的情况，如果我们可以事先在家里把狗狗的尿液和粪便收集好，也可以带到医院检查。医院还有X光照射仪，可以拍摄胸部以及腹部的X光片，还可以对心脏及腹部进行B超检查。根据检测情况结果来进一步安排接下来的生活。

血液检查　尿液检查　粪便检查

＋

X光射线检查

柔软的垫子会让狗狗摔跤，非常危险！

当狗狗年龄变大后，骨头会非常脆弱，特别是一些较厚的垫子会对腿脚不方便的老年犬造成一定的困扰，甚至可能跌倒。

春季

3～5月

与贵宾犬一起度过一年四季

夏季

6～8月

冬季

12月～次年2月

生活中需要特别注意的几点

be careful!

接种狂犬病疫苗，安心度过一整年

在饲养狗狗的时候，要将相关材料递交到地方政府的相关机构，随后就会收到接种狂犬病疫苗的通知。接种疫苗是狗狗主人应尽的义务，即便很麻烦，也一定要接种。我们可以选择当地的诊所或宠物医院给狗狗接种。去医院接种时可以顺便检查一下狗狗是否有寄生虫，还可以接受体检，这样就是非常有效率的事情了。

这是一个令人非常舒适和安心的季节，但也是容易产生寄生虫的季节。注意这个季节容易发生的疾病，对之后的健康管理十分有益。

护理

care

不管是户外还是室内都要注意远离跳蚤和虱子

到了3月份，虽然稍微有些缓和了，但是空气依旧比较干燥。静电会使附着在空气中的灰尘导致狗狗感染疾病，精心打理贵宾犬的被毛，使它们保持清洁，而且被毛也会更亮，如果偷懒，它们的被毛就会不干净，看上去毛毛糙糙，使它们优雅的气质全无。同时，这不仅仅是外观上的问题，身体不干净也容易产生湿疹，因此要定期给它们洗澡，将这些不干净的东西洗干净，也可以使用沾湿的毛巾擦拭身体。

因为是初春，所以早晚还是相对比较凉的，如果要修剪高龄犬的被毛，一定不要修剪过多。

贵宾犬大多是在室内饲养的，但是春天户外的阳光极为诱人，它们也更想在外面长时间地逗留。与此同时，感染一些疾病的可能性也会变高，所以建议您可以去宠物医院为狗狗接种防传染病的疫苗，让主人与狗狗都更加安心。疫苗可以进行混合接种，一般是3～9种。我们可以与兽医商量，根据地域和生活方式自行选择。

在这个季节跳蚤、虱子都比较多，我们用眼睛就可以确认狗狗身上是否存在蚊虫。散步回家之后，用刷子刷狗狗身体的同时确认被毛中是否有寄生虫，如果我们发现狗狗经常自己挠痒痒，就要严格检查了。此外，还可以选择市面上能够买到的驱除跳蚤的喷雾，效果非常明显。除了家里，在外界也会有寄生虫，我们要经常更换狗狗使用的垫子，在天气比较晴朗的时候，可以将狗狗的厕所以及笼子晾晒一下。

在气候条件还不完全稳定的春天里，狗狗的身体有可能发生各种各样的问题

因为贵宾犬没有换毛期，所以对于主人而言，很难根据季节判断它们发生的变化，但其实它们也会受到换季的影响。

狗狗和人类相同，换季的时候身体容易发生问题。例如，在换季的时候，狗狗有可能会得犬窝咳，这种病毒会感染气管，并与体内的其他细菌合并后导致狗狗发病，咳嗽是发病的主要特征。尚不严重的时候，和平时普通的咳嗽没什么区别，但是一旦严重，有的时候会引发并发症，最终导致死亡。人们往往觉得只是普通咳嗽，而没有及时去宠物医院，造成了病情的拖延。

最近在狗狗的身上也发现了花粉症，建议您带它们到医院接受检查，找寻过敏原，对症治疗。

提前服用预防药，防止寄生虫感染

过去因为寄生虫病而被剥夺生命的狗狗有很多，但是现在只要喝了预防药，就可以避免感染。从开始有蚊子的一个月前到蚊子逐渐消失的一个月后，每个月都要给狗狗饮用防止生病的药，如果没有服用，整个夏天有38%（仲夏时会达到89%）的狗狗会感染寄生虫，因此要及时预防。

如果去宠物医院检查后发现已经感染，早期就开始使用治疗的药物，可以完全治好，同时使用内服药还可以防止并发症产生。

此外，不仅仅是蚊子，跳蚤、虱子也会在这个季节泛滥，只要发现就尽快去除。如果发现的是正在吸血的跳蚤，不要直接清除，因为这样可能会加重感染，所以要等它们吸血结束后，再将它们取出。此外，也不可以直接将

它们踩死。

如果发现狗狗被它们叮咬后全身瘙痒、变红，一定要及时带它们去宠物医院就诊。

春天还是肠内寄生虫多发的季节，我们可以通过检测大便确认是否有寄生虫，然后根据寄生虫的种类，选择适当的驱虫药。

对于幼犬而言，更要注意寄生虫的繁殖

如果狗狗肠道内有寄生虫，它们会吸收狗狗体内的营养，进而阻止狗狗的生长发育，因此幼犬更需要便检，一旦发现有寄生虫，就要赶紧使用驱虫药治疗。发病的症状主要是肚子变大、贫血、腹泻以及便血等。

紫外线的危害逐渐显现

人们一般认为夏天的紫外线照射强度较大，其实从三月到七月，紫外线的强度是逐渐递增的，七月份到达紫外线强度的峰值。此外，和盛夏相比，春天带狗狗外出玩耍的机会更多，受到紫外线强烈照射的机会也就较多。

紫外线会导致皮肤发炎，特别是贵宾犬鼻子周围的被毛本身就短，做造型之后就更短。因此，紫外线会直接照射到皮肤上，导致它们上了年纪时容易产生白内障。紫外线是白内障诱发的原因之一，特别是紫外线最强的上午十点到下午两点左右，尽量注意不要外出。需要外出的时候，我们可以把贵宾犬放在带有顶棚的车筐内，带着它们外出。

管理好发情期的雌犬

春天和秋天是很多雌犬迎来发情期的季节，而秋天出生的雌犬会在来年的秋天开始进入发情期。平时对其他狗狗都非常友好的狗狗，在发情时却如同换了个样子。这时候它们的出现往往会引起雄犬之间的斗争，所以我们尽量不要带发情期的雌犬到狗狗集中的地方。如果对于它们的例假很在意，也可以使用狗狗卫生巾。

夏季

6~8月

狗狗非常不喜欢此时期的湿气和暑热，做好准备才能更好地避免问题发生。

生活中需要特别注意的几点

be careful

夏天的炎热和湿度都是让狗狗非常痛苦的事情

夏天是狗狗比较痛苦的季节，狗狗张嘴吐气是为了散发身体的热量，因为湿度较高，所以散发热量的效果会变差，被毛较多的狗狗更是讨厌暑热。现在夏季越来越炎热，稍不注意就可能威胁狗狗的生命。因此，为了避免暑热带来的问题，要经常确认爱犬所处的环境。有假期的朋友可以和爱犬外出游玩，尽量和爱犬制造出更多美好的回忆吧。

护理

care

擦掉水蒸气以及污垢，保持清洁的皮肤和被毛

湿漉漉的梅雨季节，会使贵宾犬卷曲的被毛中产生很多水蒸气，容易繁殖细菌，引起皮肤疾病。所以，要经常梳理它的被毛，保持通风非常重要。如果产生污垢就要尽快清理干净，同时也要确认是否有跳蚤和虱子等。

贵宾犬是垂耳，如果耳朵中出现水蒸气会变臭，在梅雨季节特别容易发生疾病。因此，我们要每个月对狗狗的耳朵进行两次左右的检查。

当狗狗运动结束之后，要使用湿毛巾擦拭身体，去除皮脂和油污，让它们的皮肤保持清洁。注意擦脸时不要让毛巾边缘碰到狗狗的眼睛，因为贵宾犬老化现象之一就是出现白内障，特别是高龄犬，它的眼角膜非常敏感，如果有异物进入，就会变浑浊。

当然，经常洗澡也是必不可少的，但是洗澡后被毛中会残留水汽，反而变成产生细菌的原因，所以洗澡后一定要用毛巾擦干水汽，再用吹风机彻底吹干，耳朵里面用棉棒擦干净。

贵宾犬的造型可以千变万化，特别是在夏天的时候可以剪短被毛，但是被毛被修剪过短的话，会削弱其预防紫外线的功能，所以我们并不推荐过度修剪被毛的做法。

同时，我们还要严防食物中毒。在这个季节里，食物变质往往就发生在一瞬间，即便是干狗粮也会发霉。所以我们在购买的时候，尽量不要购买过多，开封后要放入密闭的容器中。进食的时间尽量选择早晚比较凉爽的时候，吃剩的食物不要再次食用，请直接处理掉。饮用水也要保持新鲜，盘子等器皿也要清洗干净。

虽然开封后的食物看上去并没有发生变化，但是可能已经繁殖了细菌，因此要特别注意。

在阴郁的梅雨季，我们可以使用以下方法来解决运动不足

梅雨季里，我们无法保持每天早晨和晚上的散步，而且下大雨的时候，我们也没必要带狗狗出门。这个时候可以多尝试一些室内游戏，利用不同的玩具和狗狗一起玩耍，这也是我们了解狗狗喜好的一个好机会。但是，如果每天待在家里，狗狗也会产生一定的烦躁情绪，当雨停后，我们要找准时间带它们出门，即便外出的时间很短，也要带它们出去。

回到家之后，用干燥的毛巾擦干净狗狗身上的潮气和脏东西，注意肚子下面以及脚底也非常脏。将狗狗的身体擦干净，能够保持它们的皮肤健康。

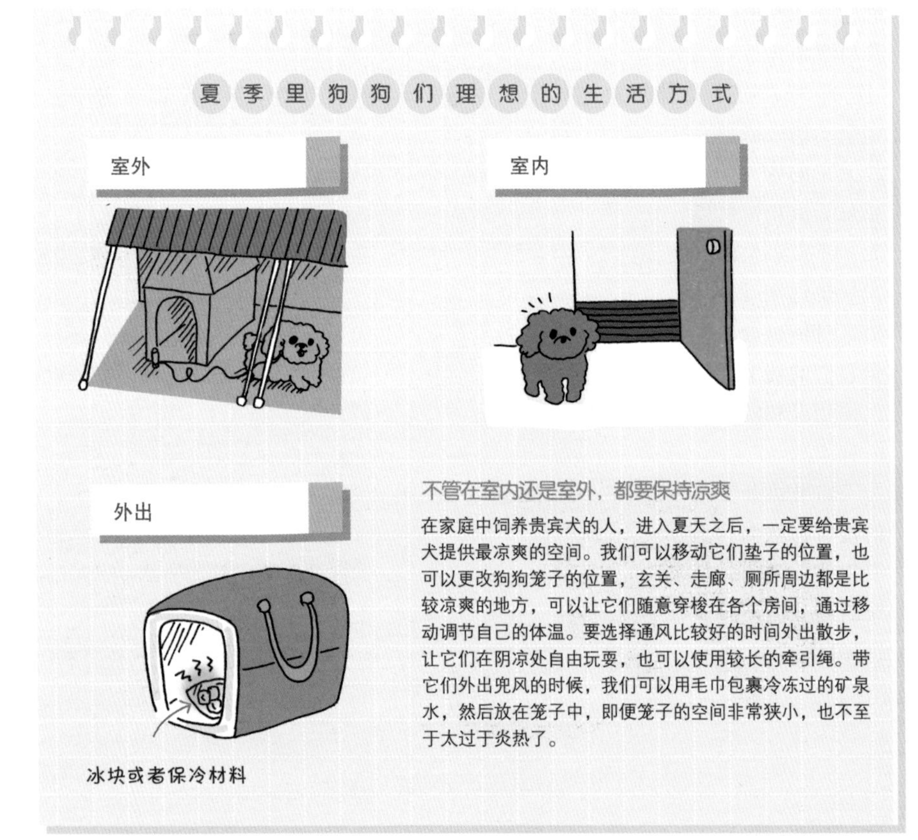

不管在室内还是室外，都要保持凉爽

在家庭中饲养贵宾犬的人，进入夏天之后，一定要给贵宾犬提供最凉爽的空间。我们可以移动它们垫子的位置，也可以更改狗狗笼子的位置，玄关、走廊、厕所周边都是比较凉爽的地方，可以让它们随意穿梭在各个房间，通过移动调节自己的体温。要选择通风比较好的时间外出散步，让它们在阴凉处自由玩耍，也可以使用较长的牵引绳。带它们外出兜风的时候，我们可以用毛巾包裹冷冻过的矿泉水，然后放在笼子中，即便笼子的空间非常狭小，也不至于太过于炎热了。

夏季需要特别注意对幼犬的照顾

be careful

避免免疫力、体力较差的幼犬受到伤害

贵宾犬大多数时间是在房间内和家人一起度过的，因此要特别注意空调的温度，身高30厘米左右的贵宾犬和人类的体感温度有3～5℃的温差，特别是身体较为矮小的幼犬更容易受风，进而引起腹泻。这时候我们可以准备一些毯子，当它们感到寒冷的时候，就让它们迅速移动到那里。

此外，对于身体还没有发育完全的幼犬来说，夏天散步也会消耗大量的体力，因此夏天时并不需要每天散步，可以让它们在室内玩耍，释放身体多余的能量。

在这个季节里，细菌容易繁殖，身体也会产生异味，当我们感觉它们的被毛比较扎手的时候，可以使用温和的幼犬沐浴露清洗它们的身体。

如果幼犬受到害虫以及寄生虫的侵害，就会马上感染，进而身体变得非常衰弱，甚至还会死亡，这个时候我们需要及时和兽医商量，选择最好的对策。

对于中毒以及饮水过度的问题要提早准备

高温多湿是引起皮肤疾病的原因，如果皮肤上有过多的脂肪分泌物或始终未洗干净的油污，就会引发突发性湿疹，狗狗的皮肤会发红，瘙痒难忍，虽然可以使用药液治疗，但是非常痛苦。所以我们要尽量保持狗狗皮肤、被毛清洁，避免并发症的发生。

在湿度较高的时候，狗狗会张开嘴巴哈气，唾液蒸发，利用这种气化的热量降低体温，但是这样会导致它们口渴，进而过度饮水，发生腹泻、呕吐、便血等情况，有时还会引起较为严重的状况。在夏天，及时补水是非常重要的，但是一定不能过度饮水。

引起传染性疾病的重要原因是蚊虫叮咬，虽然有疫苗或药物预防，但还是要把门窗关好，避免蚊虫进入屋里。

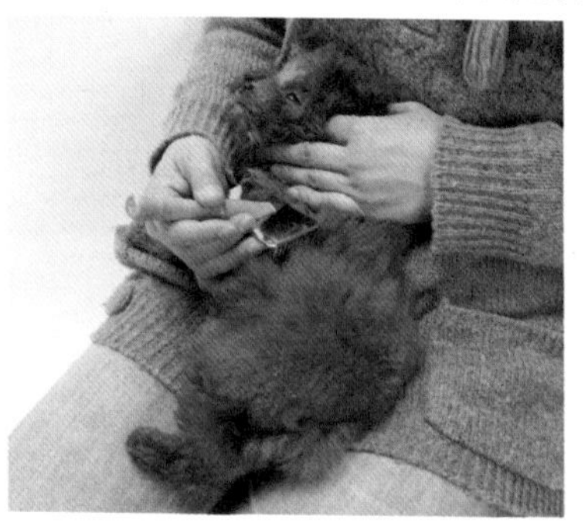
经常刷毛可以尽早地发现皮肤疾病。

在散步的过程中，为了防止狗狗中暑，我们经常会让狗狗在树荫下的草坪处休息，其实这样非常危险。在草丛中会隐藏着一些虱子，它们会寄生在狗狗的身上。

同时，杀虫剂、除草剂等农药都导致狗狗中毒。当我们看到狗狗发生原因不明的呕吐时，要立即带着狗狗连同呕吐物一起去宠物医院。

接种疫苗要与生活情况、居住地域结合

除了狂犬病，接种疫苗可以防治9种传染病，但需要接种的疫苗种类要根据自己的情况而定。疫苗会产生副作用，因此我们要根据狗狗的年龄、活动区域、疾病发生的地域，与兽医充分沟通后确认。和一般的城市相比，山区更易患传染病。

注意！旅途中的麻烦事

在景点

尊重人类社会的准则和礼节

因为贵宾犬极具魅力，非常可爱，所以有时我们经常忘记还有很多人不喜欢狗狗这件事情。当我们带着狗狗到人流较为密集的地方时，一定注意不要让狗狗做出干扰其他人的事情。为此，我们首先要保护好狗狗自身，让它们待在便携箱中，不管平时多么沉稳的狗狗，一旦到了和平日不同的地方，它们就会非常兴奋，最终发生意想不到的事故。当我们外出乘坐电车以及飞机等交通工具的时候，各个运营公司对狗狗的规定是不一样的，所以我们最好将它们放入专用的宠物箱中。为了让狗狗习惯这种情况，在平日里就要让它们多加练习。

在野外

在大海、河流等地可能发生溺水的情况

平日里贵宾犬都是生活在室内，当我们放假的时候，总想带它们到大自然中一起玩耍。贵宾犬曾经是捕捉水鸟的猎犬，比较擅长游泳，但也并不是天生就会游泳，如果没有游泳经验的狗狗突然进入河川江海中，就会有溺水的危险，因此我们要让它们习惯接触水，然后教给它们游泳的方法。对于那些没有任何限制的森林地带，首先我们要确认这个地方是否可以进入。即便可以进入，我们也一定要使用牵引绳。如果在陌生地方和主人走散，狗狗很可能迷路。为了以防万一，我们要让它们戴好自己的身份标签。

不只是在户外，在家中也容易引发中暑

夏天最应该注意的就是中暑，因为气温和湿度都比较高，体温的调节功能不能很好地发挥作用，很容易引发中暑。6月的时候，即便早上非常凉爽，但是随着时间的推移，气温可能会突然上升。一般我们会认为，中暑大多发生在日照比较强烈的户外。但是，有时在密闭的空间里也会让狗狗中暑。因此，当狗狗独自在家的时候，我们要打开空调，并保证它们能够自由自在地走到比较通风的场所。

开车外出游玩的时候，把狗狗独自留在车内是比较危险的事情，通常我们会把车辆停在有树荫的地方，但是随着时间推移，太阳也会移动，车还是会被直射的。如果我们只是短时间离开，请尽量为狗狗打开空调。

中暑的三大对策

转移到凉快的地方

如果狗狗中暑了，我们要立即带爱犬到有树荫或比较凉爽的地方，让它们先躺下来。在户外可以到有树荫的地方，在家中则要把它们带到有空调的地方，但避免空调风直吹。在没有风的情况下，我们可以用手当扇子为狗狗扇风。在狗狗丧失意识的情况下，舌头会变得比较松弛，有可能堵塞气管，此时我们要把它的舌头拉出来，用布条固定，保持气管通畅。

给身体降温

尽快使身体冷却下来，我们可以把毛巾打湿，擦拭狗狗的身体。如果是有水的地方，我们可以把狗狗的身体浸泡在水中。如果没有水池，我们可以用沾湿的毛巾擦拭它们的身体，但注意水的温度不要过低。此外，还可以将毛巾或冷却剂等放置在狗狗发散热量的颈动脉周围，或者是后腿的大腿内侧以及脖子等位置，这样能够使它们的体温迅速下降。但是，体温下降过度也不好，如果狗狗的体温下降到39℃以下时，我们就要带它们到宠物医院了。这时候要一边给它们降温，一边去医院。

补充水分

如果狗狗自己还能正常饮水，一定要让它们充分地饮水，甚至可以让它们饮用能够让身体快速吸收的运动饮料，但是要将运动饮料稀释为一倍左右。如果靠自己的能力已经不能饮水了，也不要勉强它们饮水，因为水进入气管会引发呼吸方面的问题，此时我们就要尽快带它们到宠物医院，通过打点滴来补充水分。

气温、湿度、风是左右体感温度的钥匙

身体感到暑热，主要是由气温高、湿度大、无风三个因素造成的，为了防止中暑我们尽量避免这三种情况同时发生。

比如在散步的过程中，我们可以带狗狗选择凉爽通风的地方，时间上可以选择傍晚到黎明这段时间。夏天早晨的气温有时也在30℃左右，贵宾犬身材较矮小，会同时受到来自太阳照射和地面反射出来的热量。

来自柏油马路的温度是我们经常会忽视的一个问题。在白天受到太阳照射的柏油马路，当太阳下山之后还会有一定的余热残留，狗狗不穿鞋，所以在马路上行走的时候会感受到热量，甚至有的时候脚垫都会被烫伤。这时候就需要我们在散步之前用手触摸地面，感受道路是否已经变凉，然后再带狗狗一起外出。

中暑最恐怖的地方就是发病快，最初的症状主要是四肢无力、没有精神、呼吸紊乱、唾液大量分泌、身体发热，这时候就应该尽早治疗了。

体温上升到40℃以上、眼睛和嘴发红充血、呕吐腹泻、反应迟钝，出现这样的症状就是比较危险的信号了。如果发生呕吐、便血、身体出现青紫斑块、意识模糊等情况的时候，就有可能会威胁到狗狗的生命。

当我们发觉狗狗出现异常的时候，就要按照上一页的方法紧急处理。在前往医院之前，能否正确应对也是非常考验技术的一件事情。因此，我们要常备装有冷水的保冷瓶，大小两个尺寸的毛巾，遮阳伞、扇子、体温计以及附近可以就医的宠物医院地址信息。

生活中需要特别注意的几点

be careful

消除夏天的疲劳，将身体调整为最好的状态

秋天，人们的心情也变得好起来，很多人都想带着打扮漂亮的狗狗一起外出玩耍。虽然暂时结束了夏天的炎热，但还没有彻底凉爽，因此我们首先要让狗狗的身心条件都恢复到正常状态之后再外出。

夏天狗狗的进食量不大，因此趁着秋季给狗狗改善一下饮食，避免营养不足。对于人类而言，11月份已经会感到微凉了，但却是狗狗觉得最舒适的季节。夏季减少的运动量在这个时候也可以逐渐恢复了，但饮食、运动都要避免过量。

护理

care

使受损的皮肤和被毛恢复到原本的状态

在夏季里游山玩水的狗狗们，被毛会收到紫外线和盐水带来的影响，有的时候会变得比较干燥。我们可以使用含有药物成分的沐浴液给它们洗澡，让受伤的被毛和皮肤恢复到原来的状况。

当我们带狗狗前往山林里游玩的时候，可能会有一些跳蚤附着在狗狗的身体上，一定要清理干净。此外，因为饮食或身体疾病而出现皮肤病的情况也是很多，所以我们在梳理狗狗被毛的时候要仔细检查，确认是否有异常。同时，我们可以带狗狗洗泥浆浴或者用精油按摩来保养它们的身体。

在夏季，我们会将它们的被毛修剪得比较短，秋季来临之后就要稍微留长一点了，如果过短，可能会对身体造成影响。

在散步的过程中，狗狗的被毛可能会粘上枯草，使被毛产生打结的情况，有时身体上还会附着植物的种子。对于狗狗而言，它们没有办法自己清除附着在身体上的东西。因此散步结束之后，我们要使用毛刷帮它们清理干净。

对于贵宾犬而言，没有特别需要防寒的必要，而且贵宾犬体毛旺盛，并不能敏锐地感受到自然气温的变化，进而导致换毛期出现紊乱，影响身体健康。此时我们可以打开暖气，为应对即将到来的冬天做好准备。

秋季晴朗天气中，我们可以将它们的垫子、笼子放在通风的地方晾晒，去除湿气，让它们居住的环境更加舒服。

度过炎热夏季后恢复精力的方法是调整饮食和运动

暑热对于狗狗而言是非常痛苦的事情。为了避免中暑，夏季时我们会减少散步，但是如果运动不足，即便是健康的成年犬，也有可能产生肌肉力量下降的情况。因此，进入天气转凉的9月之后，很多人会让狗狗加大运动量，但这往往会给它们的心脏带来更大的负担，引起脑部供血不足，甚至发生晕倒的情况。有的时候还会引起跟腱受伤，甚至擦伤狗狗的脚垫等情况。因此建议您可以先从锻炼腰腿以及身体的肌肉力量开始，慢慢恢复原来的运动量。

一定要注意运动或散步的时间。9月份，白天还比较炎热，地面温度也比较高。所以，建议选择早晚比较凉爽的时间，让狗狗心情愉快地运动身体。如果狗狗还没有从炎热夏季的状态中缓过来，产生食欲萎靡等情况，我们也不要过分紧张。我们可以稍微减少一些进食的次数和进食量，也可以在它们狗粮上面加上一些其他的东西，让它们恢复饮食状态的同时充分摄取营养。

当狗狗的身体状态调整好以后，就可以尽情享受秋天了。

食欲自然增强，努力避免肥胖

当天气转凉之后，狗狗的食欲也会变好。同时，皮下脂肪也开始储存能量，一般会摄入更多的热量。贵宾犬和其他犬种相比，在年轻的时候不容易出现肥胖，但是从2岁左右开始，有一些狗狗就开始肥胖起来了。肥胖主要是因为开始对食物产生好恶，以及饮食的时候会

比较任性，挑三拣四。

尽管如此，我们也不能将这些全部怪罪于狗狗。很多时候是因为饲养狗狗的主人听之任之，导致它们养成了挑食以及任性撒娇的坏习惯。有的时候即便我们非常注意狗狗的饮食管理，但家庭成员也会偷偷地给狗狗喂食，导致它们肥胖。类似这样的情形我们也是经常能够听到的，因此，家庭成员之间对于狗狗的喂食要形成一定的规矩。

通过观察幼犬的粪便调节食量

秋季幼犬也会增加食欲，可以通过观察粪便的状态调节食量。即便粪便的状态比较良好，如果每天喂食3次以上的话，每一次进食的量还是需要控制的，虽然看上去还是幼犬，但过了10个月就应该和高卡路里的幼犬食物告别了。

现在大多数朋友都是在室内饲养狗狗，因此狗狗并不需要太多皮下脂肪来保暖。不单单是如此，狗狗过于肥胖的话，也会给足部和腰部带来负担，还会引发很多疾病，所以说肥胖是百害而无一利的事情。当狗狗变胖之后再进行减肥，其实并不是一件很简单的事情。狗狗在减肥过程中经常是空着肚子，因此精神上也会有很大的压力。这就需要我们在日常喂食的时候精确计算，如果感到它们变胖，可以在狗粮中加入一些蔬菜、豆腐等来避免热量摄入过量。

干燥的皮肤会引起皮肤疾病

当空气变干燥之后，皮肤的水分会变少。狗狗的皮肤是人类皮肤厚度的1/3~1/5，所以非常敏感。而且，皮肤干燥也会引发很多问题。当被毛变粗糙的时候，狗狗会浑身瘙痒，这也是狗狗皮肤干燥的信号。

当我们发现狗狗皮肤出现异常情况的时候，要尽快带它们去宠物医院就诊。引起皮肤疾病的原因有很多，压力大、内分泌紊乱等都有可能引起皮肤干燥。有的朋友认为，只要保湿就能够避免皮肤干燥，这是不正确的。这时最好的对策就是去宠物医院，听取兽医建议，根据准确的判断来选择药用保湿沐浴露或其他具有保湿效果的产品。此外，我们还可以在饮食中加入植物油。

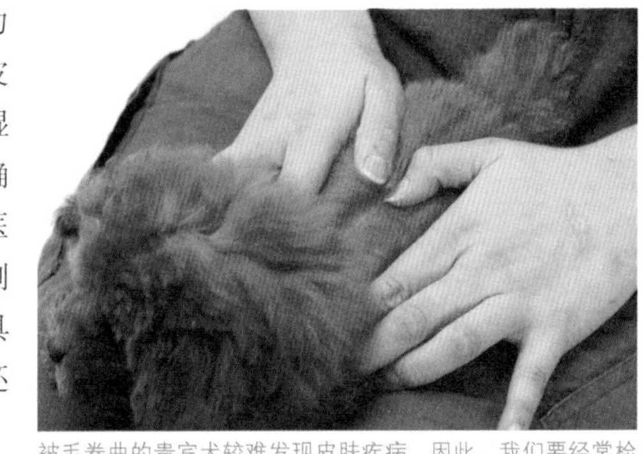

被毛卷曲的贵宾犬较难发现皮肤疾病，因此，我们要经常检查它们的皮肤状态。

冬季 12月~次年2月

经常给狗狗刷毛，即便在干燥的季节里也不会打结。注意温差，让狗狗平稳度过冬天。

生活中需要特别注意的几点

be careful

用晚餐或年夜饭的时候，不要随便给狗狗零食

在过年的时候，很多人都想把自己的贵宾犬打扮得漂漂亮亮的。有美食的地方一定会出现贵宾犬，它们总是围着人团团转，展示着自己的魅力，所以朋友们经常会给狗狗喂食。此时我们需要阻止喂食的朋友们，因为晚宴和年夜饭的食物中盐分和糖分的含量都非常高，容易引起肥胖，还有可能造成消化不良以及引发胃炎。

和狗狗拍摄纪念照片的时候，也不要喂食过多的零食。

护理
care

在干燥的空气中被毛很容易打结

狗狗出生6个月以后，被毛就已经相对比较长了，因此每天要给它们梳理被毛，让它们逐渐习惯毛刷。但要注意，如果被毛进入眼睛会产生炎症，因此脸部周围的被毛要剪短。如果太长，可以用纸将被毛卷起来，然后再用橡皮筋系牢固。如果刚开始不能掌握要领，可以去美容沙龙学习。

当空气非常干燥的时候容易产生静电，使被毛变得干燥，贵宾犬就会出现被毛打结的情况，特别是耳朵、脚跟等部分的被毛。如果被毛打结，不要尝试用沾水的毛刷梳通被毛，那样只会更加难以解开。

为了让狗狗健康地换毛，在刚进入冬天的时候就要经常用刷子梳理它们的被毛。用刷子梳理被毛还能够促进皮肤的血液循环，是非常好的事情。我们还可以在狗狗被毛上喷上防静电喷雾以及护理油，然后再开始梳理，被毛就会变得非常顺滑了。

贵宾犬并不是非常害怕寒冷的犬种，但当我们给它们修剪被毛之后，有可能会减弱被毛本身所具备的保暖功能。特别是修剪过的脸部和腿部，皮肤直接裸露在寒风中，很容易引起身体着凉。如果是高龄犬，外出时就要为其穿上衣服，充分御寒。但是要注意一点，一定不要使用化学材质过多的衣服，因为这些衣服会产生静电，使被毛变得更加干燥、打卷，出现皮肤问题，还有可能产生头垢以及皮肤上面的污垢。狗狗是非常讨厌静电的，有时还会让狗狗感到恐惧，最终变得不再喜欢穿衣服了。

即便天气比较寒冷，也要保持半个月洗一次澡。在天气比较晴朗的时候，我们可以先调节好浴室的温度，然后在较短的时间内给狗狗洗澡。比较潮湿的被毛可以使用浴巾擦干，再用吹风机从被毛的根部开始彻底吹干。大腿内侧以及大腿根部也都不要忘记吹干。

打造一个便于幼犬成长的生活环境

对于幼犬而言，即便房间内开着暖气，也可能会感到寒冷。因此，我们可以在笼子中放入宠物暖炉，在底部垫上毛巾和较厚的垫子，让它们更舒适地生活。我们还要把狗粮的温度调整到和人体温度接近后再喂给它们。

一定要注意室内外的温度差

当幼犬迎来出生后第六个月的时候，要观察它口腔内的情况，确认是否换牙以及乳牙是否全部都已经脱落掉了。如果因为牙齿重生导致口臭以及产生牙结石等情况，我们就要带狗狗去宠物医院就诊。

总的来说，狗狗是比较耐寒的动物。但是，如果天气过冷，还是会导致身体出现问题，特别是当它们突然从温暖的室内走到室外的时候，受到冷风吹袭，很容易产生疾病，因此要避免这种情况的发生。

室外室内虽然只有一墙之隔，却有着10～20℃的温差，一不小心就可能导致狗狗身体出现问题。对于有心脏疾病的幼犬和高龄犬来说，寒冷是最危险的，当带它们外出或从外面回来的时候，要先让它们在没有空调的玄关附近适应一下温度，等身体习惯之后，再外出或进入室内。

冬季容易发生事故的还有取暖工具带来的低温烫伤

当寒冷的季节真正到来之后，我们要再次检查一下居住的环境。

例如，笼子摆放的位置，白天阳光从窗户直射过来会比较温暖，但是到了夜晚，如果不开空调室温会急剧下降。因此，尽量不要在窗边以及走廊附近没有人的地方放置笼子。如果我们不在家，也要一直开着空调，也可以利用宠物取暖机，但注意不要让环境温度太高。

需要特别注意一点，暖气等取暖工具会产生低温烫伤，如果狗狗

长时间待在暖炉的旁边、电热毯上面，可能会被慢慢散发出来的热气低温烫伤。但是，低温烫伤的症状不会很快显现出来，隔一段日子之后，皮肤的颜色才开始发生变化。

低温烫伤和其他烫伤不同，不会有水泡、皮肤溃烂等情况，因此往往会被人们忽视。但是，如果没有注意，就有可能变严重。这种烫伤会一直影响到皮下脂肪，不及时处理的话，甚至会发生炎症。因此，我们在发现的时候就要第一时间带狗狗去宠物医院就诊。

避免幼犬咬电线

为了避免狗狗咬电线，我们可以用毛巾把电线缠绕起来，或者用围栏围起来，这些方法都可以让它们远离有可能造成危险的区域。暖气周围温度很高，如果过热，我们可以关掉电源，或者把狗狗带到其他的地方。

此外，对于取暖工具而言，还有可能因为狗狗咬电线而发生触电的事故。幼犬喜欢咬东西，因此发生这类事故的情况也会比较多。这时候我们可以在电线外面装上罩子，或者将插线板放在较高的位置。

专栏 4

住宅中的潜在危险

我们很多人在小的时候家里都养过狗狗，后来成年后又开始独自饲养狗狗。这时候我们发现与小狗的相关物品都发生了巨大的变化。为了饲养狗狗，市面上出现了很多商品和服务，犬种也随着时代的变化而发生了改变。这其中变化最大的应该莫过于居住环境了，和以前不同，现在人们大都会在室内饲养狗狗，特别是对于贵宾犬而言，在小型公寓里饲养也是完全没有问题的。

现在家庭中基本都是木地板或地板砖，较光滑的地板有的时候会造成狗狗腿腰受伤。所以，我们可以在地板上铺好地毯，防止狗狗受伤。此外，现在房间的密闭性普遍较高，如果夏季不开窗通风，室内温度会很高。因此，即便是在自己的家里，也有可能中暑。狗狗对于暑热抵抗力较差，我们一定要提高这种意识，特别是在夏天的时候，即便家中没人，也不要忘记开空调。

现在住宅中一般比较温暖，湿度较高，容易产生虱子、跳蚤等害虫，因此我们要经常清洗狗狗所用的垫子、玩具等，保持清洁。

第5章

和爱犬一起生活

这里介绍给狗狗拍照片的小技巧以及
活跃在电影中的贵宾犬，
一定会让你更加喜爱贵宾犬。

通过生命地图了解爱犬一生重要的时间点

在狗狗一生的各个时间段，身体和心灵都会有巨大的成长变化。

出生2周后

出生后2～4周，五官开始发育，逐渐开始活动并断奶。

出生1个月后

出生后1个月，可以离开母犬，探索各种未知的地方。

2个半月～3个月

可以和家人共同生活的时期

此时是领养狗狗的最佳时段，这个时期的狗狗可以顺利地适应陌生人以及陌生的环境。如果过早离开母犬和兄弟犬，有可能导致它们社会化不完全、造成性格缺陷，甚至还会影响到它们与其他狗狗的关系。

注意观察便便的状态，以及是否有呕吐现象

当我们把狗狗领养回家之后，要给予它们与之前相同的狗粮，之后一边观察它们便便的状态，一边尝试喂新的狗粮。狗粮的硬度、分量要根据它们便便的情况，结合它们的成长进行调整。

虽然很想玩耍，但身体还未成熟

如果因运动过量而消耗太多的体力，狗狗可能会发生危险，因为身体尚未发育成熟，由着它们的性子玩耍，可能引起低血糖，突然之间就会变得筋疲力尽。如果当天玩耍的时间较长，就要相应增加休息睡眠的时间。

抱得过多会给幼犬造成压力

来到新家庭的时候，狗狗会面对陌生的环境以及离开自己的母亲和兄弟姐妹后的不安，如果主人过分照顾它们，反而会让它们产生压力。我们需要让它们逐渐适应家庭环境，并适当给予它们温柔的呵护。

出生3个月后

接种2次疫苗后外出散步

接种2次疫苗（有的宠物医院是3次）之后，再观察2周左右，就可以带狗狗外出散步了。最开始狗狗可能会畏手畏脚，但逐渐习惯之后就能够享受户外活动带来的乐趣。

开始社会化训练的时期

出生后的8～12周被称作社会化时期。要在这一时期让狗狗更多地去接触其他狗狗以及大自然中的各种声音，让它们逐渐感受户外带来的各种体验，习惯享受快乐的生活。

5~6个月

自我意识萌芽，情绪变得不稳定

和人类的青春期相似，面对陌生的世界，狗狗开始逐渐产生警戒心理，这一时期常见占地盘的行为，攻击性变强，对主人也会有一定的反抗行为。

♀ 在初潮前需要了解的事项

母犬发情的信号是阴部肿胀、尿频，身体也开始肿胀。因为出血之后它们会自己舔干净，所以很难发现发情的迹象。

♂ 对母犬的气味变得很敏感

公犬发情的时间并不像母犬那样固定，发情的公犬会对母犬散发出的荷尔蒙味道非常敏感，产生较大的反应，经常出现骑跨等行为，而且对于寻觅母犬很执着。

出生5～6个月后

9个月

迎来性成熟，开始出现初潮和发情

狗狗出生后7～10个月，开始迎来第一次发情，之后每隔6～8个月会进入一次发情期。因为身心尚未成熟，所以在初次发情期，要避免交配。公犬出生后10个月才可以开始有生殖活动。

出生9个月后

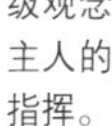

突然不听话了

这时候的狗狗会逐渐产生等级观念，有的时候还会挑战主人的权威，不听从主人的指挥。

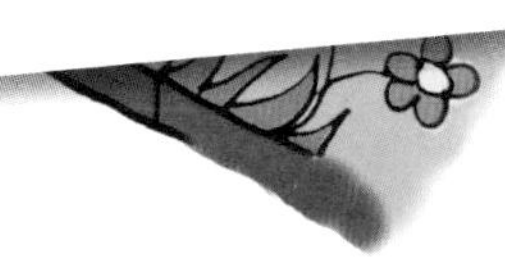

被毛已经完全长出，形成贵宾犬典型的卷曲被毛。

2岁

3岁

1岁

体型发育完全，从外表看已经长大了

不管从哪方面看，我们都觉得它们已经是成年犬了，包括骨骼、肌肉、内脏等机能也发育完全。但是它们的内心还是幼犬的状态，会继续撒娇调皮。类似于人类的青少年时期。

2岁

虽然相当于20岁的人类，但本质上还是小孩

从外表看已经完全长成了成年犬，但本质上还未完全成熟。此时它们不太会抑制自己的需求，有时会让主人感到非常棘手。如果过分满足它们的需求，有可能让爱犬成长为性格任性的狗狗，因此对待它们无理的要求，主人要坚持原则。

3岁

进入成熟期，体力充沛

此时狗狗的身心都比较安定，喜欢尝试新鲜的挑战，所以我们可以充分体验和狗狗一起生活的快乐，它们与主人沟通的能力也开始提高，与主人之间的信赖关系逐渐形成，是狗狗一生中的黄金时期。

虽然还处于成熟期，但新陈代谢水平开始下降

身体生长发育停止，新陈代谢开始减慢，如果不注意会形成中年肥胖。肥胖会带来各种疾病，所以我们要注意狗狗饮食的搭配，保持一定的运动量，让它们始终保持良好的体型。

从幼犬狗粮变更为成年犬狗粮

出生后8～12个月，要开始将狗粮从幼犬狗粮变更为成年犬狗粮。为了促进发育特别制作的幼犬狗粮，对于成年犬而言热量过高，如果不更换狗粮会造成爱犬肥胖。

关注健康，保持良好体型

为了让和毛绒玩具一样可爱的贵宾犬身体更结实，一定要长期坚持运动。贵宾犬是比较贪吃的犬种，如果运动不足会造成肥胖，因此要保持一定的运动量。

利用智力游戏消除压力

运动不足是压力产生的来源，我们可以利用贵宾犬比较喜欢智力游戏的特点，让它们通过游戏消除压力，即便开始游戏的时候比较困难，只要我们耐心地花一些时间克服这些困难，压力就会逐渐消除。

饲养者的大意会引发各种问题

有这样一句话形容狗狗的主人：“第一年慎重、第二年看情况、第三年变懒惰。”有时候主人会认为去年和前年狗狗都已经平稳度过了，今年应该也不会有问题。往往就是因为这种不重视的心理，会让狗狗出现一些问题。

7岁

表面看起来很年轻，实际已进入老龄期了

被毛浓密的贵宾犬不大容易看出年龄的增长。虽然外貌没有太大的变化，但确实已经开始步入老年了。这时候我们需要注意天气的变化，同时调整运动量，减少因为忽略而造成的身体负担，不单单为了延长寿命，更要在健康方面下功夫，让它们更健康地生活。

食物要做成容易咀嚼消化的形状

选择那些对牙齿及内脏负担小的食物。此时要开始使用低热量、便于消化吸收的老年犬食物了。如果狗狗的牙齿不太好，可以在狗粮里加水，泡软后再切碎。有一些年龄较大的狗狗有时食欲会变得非常旺盛，这时可以在低热量的狗粮中加入一些蔬菜。

为了保持健康，不能中断散步

为了让狗狗保持体力、放松心情，即便上了年纪，也要坚持散步，但要根据狗狗的体力和疲劳的情况酌情增加或减少散步量。在由热转凉的季节里，要为其穿好衣物，保持体温。

稍微一点点的变化都会带来痛苦

些许的变化都会让狗狗感到压力。这时它们的感官已经衰弱，对于事物的洞察能力也开始变差，从后面突然发出的声响，有可能会变成一种惊吓，所以在和狗狗接触的时候，尽量保持平稳安静。

7岁

10岁

13岁

13岁

肾功能下降，出现衰老的迹象

外表以及机能都进入了老年时期，内脏机能、运动能力都有大幅度的下降，过去那些可以轻松完成的事情，逐渐变得困难，运动、饮食、居住环境等方面都要重新调整。

15岁

15岁

进入超高龄时期，努力让它们安享晚年

这时候狗狗可能出现痴呆，甚至一睡不醒。此时需要我们的悉心照顾，即便很多事情狗狗自己不能完成，但也不要强行剥夺它们活动的机会，在它们最后的岁月中，尽可能尊重狗狗的意愿。

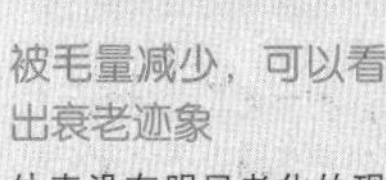

10岁

被毛量减少，可以看出衰老迹象

外表没有明显老化的现象，但是眼睛开始浑浊，被毛量减少，运动能力、反应能力开始变迟钝，睡眠时间变长，容易得病，这些都是老化的信号。此时需要我们给予它们更多关注，防患于未然。

贵宾犬的寿命是长还是短？

贵宾犬的平均寿命是12～13年。因为它们的被毛比较茂密，所以较难发现身体的老化迹象，总是给人一种还很年轻的印象，即便上了年岁也不显老。如果不出现白内障，到11岁左右，我们也未必能够发现它们已经是高龄犬。

享受与贵宾犬共同生活的乐趣

贵宾犬是极富潜能的犬种，有很多事情可以和它们一起完成。

通过一起参加活动，加深彼此的感情

通过饲养狗狗可以让主人的世界变得更广阔，人生变得更加丰富。进一步而言，和爱犬一起去挑战新鲜事物，也能够增进彼此的感情，留下更多宝贵的回忆。

通过简单的造型以及装饰物就可以轻松改变贵宾犬的造型。因此，既然饲养了贵宾犬，就一定不要错过给它们变换造型的乐趣。它们曾经在马戏团中大放光彩，是一种运动细胞非常发达的犬种，它们总是觉得活动不够，因此请一定要多带它们尝试一些丰富多彩的运动。

参加线下聚会

各种各样的贵宾犬聚在一起的活动

我们可以参加在网上发起的线下贵宾犬交流活动。各种各样的贵宾犬齐聚一堂，想想都令人激动。

挖掘贵宾犬的游戏潜力

掌握要领去挑战各种新鲜事物

贵宾犬的身体素质非常好，而且学习欲望较强，愿意挑战各种新鲜事物，我们一定要充分发挥它们的潜能。请你放心，它们的跳跃能力、活动能力可能会让你大吃一惊的。

教给它们比较难的技艺

通过动脑的活动与主人一起玩耍

曾经活跃在马戏团中的贵宾犬，它们的学习欲望很强，可以挑战很多不同的事情。当我们假装对它们开枪的时候，它们会做出扑倒的动作，还可以和着音乐跳舞蹈，如果我们在训练它们的过程中逐渐增加难度，它们会更加愿意学习，而且越来越投入。

时刻紧跟潮流

我们要时常关注当下最为流行的时尚趋势

贵宾犬是能够胜任各种造型的犬种，如果我们不关心时尚，那是多大的损失啊！既然贵宾犬的造型可以千变万化，我们就要经常和造型师一起商量，去寻找适合自己狗狗的最流行的造型方法。我们也可以把一些丝带装饰在狗狗身上，甚至可以选择和它们穿着相同款式的服饰，然后带它们去当下比较热门的地方拍摄照片，不知您意下如何呢?

尝试参加犬种比赛

本身具有高贵气质的贵宾犬非常适合参加比赛

参加犬种比赛的门槛虽然比较高，但是可以自由前往观赛学习。能够参加犬种比赛的狗狗都是精挑细选的，是贵宾犬最为理想的样子。比赛中，我们还能够见到一些家庭饲养贵宾犬中不常见到的传统修剪方法。

为我家美丽的贵宾犬拍摄可爱的照片

利用简单的方法就可以拍摄出让人非常羡慕的好照片。

为爱犬拍摄出漂亮照片的人一定是饲养它们的主人

在众多的狗狗当中，最为时尚靓丽的狗狗非贵宾犬莫属。所以，一定要用相机为它们拍摄出更多更好看的照片。主人也可以一起入镜，留下和狗狗的美好回忆。

为了拍摄活泼好动的贵宾犬，我们不要使用自动模式，而要选择快门优先模式，这样才能够清晰地拍摄到爱犬自然的样子以及丰富的表情。当然，摄像师就是饲养狗狗的主人们了，让我们一起掌握拍摄技巧，提高水平吧！

使用数码相机拍摄的好处是可以反复拍摄很多次，我们可以大胆地按下快门，之后再选择出最喜欢的照片，但不要忘记打印出来保存哟！

拍摄之前需要精心的准备

有时好不容易才抓拍到狗狗生动的表情和动作，但是最后看照片时发现周围有垃圾箱或狗狗毛毛糙糙的被毛，那就太可惜了。尤其拍摄的是特写镜头，稍微有一些不干净的地方都会清楚地拍摄出来，所以拍摄之前一定要先将狗狗整理干净。贵宾犬非常适合拍摄时尚的照片，但是拍摄之前请给它们稍作打扮，比如系上丝带等。

清理干净眼睛周围及嘴周围的脏东西。

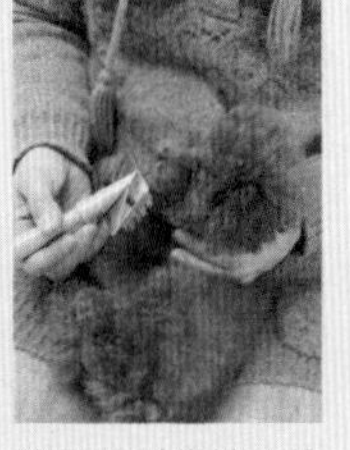

使用毛刷将被毛梳理整齐。

拍摄两只贵宾犬的时候，可以使用书包等道具

在拍摄较难把控的两条贵宾犬时，我们可以先将它们放入篮子或包包中，限制它们的动作，然后让它们将头伸到包包的外面。也可以将它们放在篮子边上，显示出好像要跳出来的样子，这样的造型都能够充分表现贵宾犬的可爱。也可以在篮子上面放一块手绢，营造出温暖的气氛。

提高快门速度，抓拍贵宾犬的瞬间

蹦蹦跳跳、生动活泼是贵宾犬的魅力所在。因此，我们可以放弃平时拍照的一贯套路，抓拍贵宾犬运动的状态。对于移动中的被拍摄物，如果运动过快，照片会模糊，为了拍摄出清晰的照片，我们可以将快门速度设置为1/60秒以上，拍摄地点最好选择阳光充足的户外或能够照进阳光的窗边。

拍摄中用到的小物品

零食

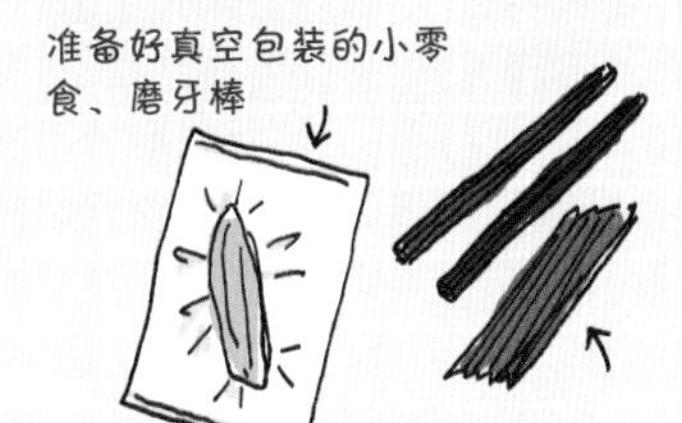

能够发出声音的玩具

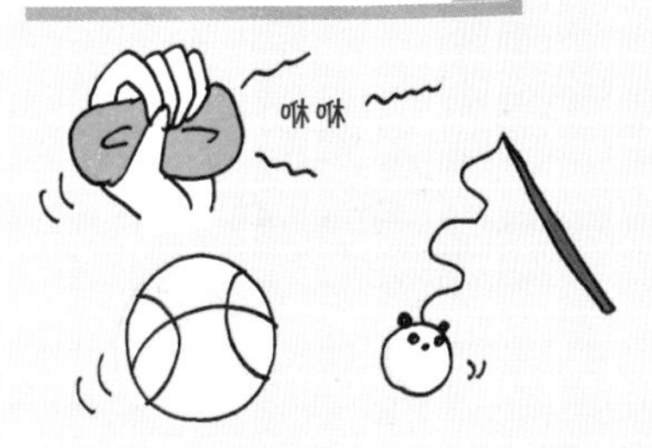

浴巾和毛巾

为了能够使狗狗的表情丰富，专门拍摄动物的摄像师经常会准备一些小东西，让狗狗能够更好地看向相机。我们还可以使用一些小道具来引起它们的注意，一边发出等待指令，一边拿出零食，这时狗狗往往会朝着相机的方向看过来。我们还可以在拍摄之前拿出一些它们喜欢的玩具或能够发出声响的小物品，在它们看向这些物品的瞬间抓拍下生动的表情。为了能够拍摄出贵宾犬生动的样子，我们需要和狗狗的高度相同，因此在户外拍摄时需要准备好毯子，然后趴在地上拍摄，这样就不会弄脏衣物了。

拍摄总是乱动的狗狗的方法

将狗狗抱起来拍摄，最后在修图的时候再剪切掉手部。

对于在拍摄中总是乱动的狗狗，我们可以将它们抱起来，然后用手按住它们的身体，只拍摄狗狗的上半身和脸部周围的部分，尽量避免拍摄到手。当然，我们还可以将狗狗高高地抱起来，以樱花或蓝天为背景进行拍摄，也会形成非常漂亮的照片。贵宾犬体重较轻，将它们抱起来并不费劲，你一定要尝试一下哟！

用装饰布料或小物品营造出专业摄影棚的感觉

我们偶尔也可以像在摄影棚里一样为狗狗拍照。比如，利用窗帘、晾衣杆等东西，从地板向上搭建出一个小纱帘作为背景，营造一种隐约可见的朦胧感，再去超市买一些色彩丰富的玩具和小物品，将拍摄场景布置得丰富多彩。选择没有颜色的布料作为背景会显得非常专业。

效果非常好！

拜托朋友站在照相机的后面，做出各种动作，吸引狗狗的注意力

在拍摄狗狗的时候，使用小道具吸引它们的视线是非常重要的。但是我们一边挥舞小道具一边按下快门是不可能的，这时就要拜托朋友或家人，让他们站在照相机的后面，做出一些动作来吸引狗狗的注意。有时候需要把物品放在镜头的上方挥舞。

和狗狗一起拍摄的时候要贴近狗狗的脸颊

我们和狗狗一起拍摄合影的时候，经常会拍全身照，这样就会显得贵宾犬非常小，基本上看不见它脸上的表情。因此，我们最好将贵宾犬抱起来，让我们的脸贴近狗狗的脸部拍摄，这样拍摄的照片可以更好地表现出双方的表情，更能传达出一种亲密的感觉。

色彩搭配很重要！

根据贵宾犬的毛色，选择主人的衣服颜色

为了更加突出爱犬，背景非常重要。不管在哪里拍摄，随手一拍的照片一定不会好看。在和主人一起拍摄的时候，主人所穿的衣服就是狗狗作为背景的颜色，因此要注意衣服颜色的选择。如果衣服的颜色与狗狗被毛颜色相似，狗狗的被毛颜色就不会明显，甚至拍出的照片中都找不到狗狗。另外，也要注意做装饰的丝带或狗狗的服装不要和被毛的颜色重合，但也不要选择那些比较夸张的衣服，会让狗狗的轮廓变得不清晰。

在拍摄的时候，如果主人的衣服与狗狗被毛颜色差异较大，因为照相机曝光的原因，狗狗的颜色会变暗，因此我们尽量不要选择与狗狗被毛颜色对比太过强烈的衣服，最好是中间色的衣服。

顺光和逆光

自由选择顺光、逆光或是突出氛围的侧光拍摄

掌握用光的技巧可以使摄影变得更有乐趣。阳光直直地照在被拍摄对象上面时是顺光，从后面照过来是逆光，从侧面照过来的光是侧光。一般来说，为了正确地还原真实的颜色，顺光是最好的，但是逆光却可以突出贵宾犬被毛的特色，形成剪影般的光晕。利用侧光拍摄可以产生阴影，拍摄出的照片更立体。为了表现不同的感觉，我们可以使用不同的光影进行拍摄。

这种时候该怎么做？

饲养贵宾犬的问与答

从训练贵宾犬到管理它们的健康生活，在享受与狗狗快乐生活的同时，饲养主人应该面对的问题与解决方法。

Q1 如何才能让狗狗变得更有魅力？

A1 贵宾犬的造型有很多不同的风格，能让我们感受到不一样的快乐。当我们去美容沙龙的时候，可以带着时尚狗狗杂志，参考杂志上的狗狗模特和造型师沟通，然后造型师可以再根据狗狗不同的被毛颜色以及脸型进行修剪，建议您一定要和造型师一起商量后再决定。

3 希望一起外出，但是爱犬不喜欢，怎么办？

A3 不管是从身型的大小还是性格的角度来讲，贵宾犬都是非常适合和主人一同外出的。这就要求我们在日常生活中训练它们多接触一些新鲜事物，不管去什么地方都能够安静应对，这样才能使我们在外出的时候体会到快乐。此外，有些狗狗不太会喜欢参加宠物活动或宠物比赛，我们可以根据实际需要适当调整，如果它们喜欢玩耍就让它们继续玩耍。

5 非常喜欢外出，有什么地方适合带狗狗去呢？

A5 在日本，最近有很多咖啡馆已经允许主人们带着狗狗一起入店。我想，随着每一位饲养狗狗的主人素质提高，会有越来越多的地方为狗狗开放。我们一定要记住，只要迈出家门，狗狗所处的地方就是公共场所了。作为狗狗的主人，平时就要教育自己的狗狗守规矩、有礼貌。这样才能让那些不养狗的人逐渐适应和狗狗接触，而不会产生反感的情绪，久而久之，整个社会就会形成一种和谐共处的习惯了。

2 红色被毛的幼犬成年以后颜色会变淡吗？

A2 对于贵宾犬而言，除了黑色和白色等原色外，在成长过程中被毛的颜色都会或多或少地变淡或者掉毛，这都是很正常的，但是很多人因为并不知道此事，而找店家理论。其实，这种情况并不少见，特别是最具人气的红色贵宾犬，它们在幼犬期的时候颜色非常浓郁，但因为这种被毛颜色进化的历史非常短，所以还处于不稳定的状态，随着成长颜色会变得非常浅。这时我们可以将这种颜色的变化看作贵宾犬成长的一种标志，相信就能体会到不同的乐趣了。

4 如果饲养狗狗的过程中发现问题，应该向谁咨询？

A4 我们可以和犬舍的饲养员商量，他们很多人都是饲养贵宾犬的专家，知识和经验都非常丰富。有关疾病方面的问题可以向专业的兽医寻求帮助，训练方面的问题可以找训练师。同时，也可以和饲养贵宾犬的朋友们分享饲养的经验和烦恼。

6 狗狗总喜欢咬我的手指，应该如何应对？

A6 饲养过狗狗的人大概都知道狗狗有咬人类手指的习惯，其实这是狗狗向主人表达喜欢主人的一种行为，所以我们不要过于恼怒，可以用较为低沉的声音及时发出“停止”的指令。如果主人并不讨厌这种行为，也不必制止。但是，已经习惯咬主人手指的狗狗在和其他人接触的时候，可能也会自然而然地咬手指，为了不让朋友们感到恐惧，可以提前告知。

7 我喜欢小型的贵宾犬，可以养一条小小的狗吗？

A7 很多人认为小就等于可爱，但是如果狗狗的体型太小，很容易得脑积水或内脏方面的疾病。目前，由标准的体型培育出的茶杯贵宾犬是最小的品种，但是为了让它们成为健康的犬种，在最初几代的培育中，培育师们花费了大量的精力。

8 房间内有狗狗的臭味怎么办？

A8 饲养贵宾犬的人大多都是在室内饲养，虽然贵宾犬属于体臭较少的犬种，但也会有些许臭味。不必过分紧张，我们可以喷一些除臭剂或除臭喷雾。但是，如果是因为主人懒惰而没有经常给狗狗洗澡、没有及时清理它们的室内厕所，就要多加注意了，千万不要偷懒！

9 如果爱犬呕吐，应该什么时候带它们去医院？

A9 狗狗呕吐时我们通常会变得比较慌张，其实狗狗呕吐并不少见，一般都是因为吃多了，特别是幼犬，只要吃多后就会呕吐，其实并不是什么大问题。我们可以先在家里观察一段时间，如果呕吐持续加重，就必须马上带它们去宠物医院，因为如果呕吐反复出现，可能引起脱水，甚至会危及到生命。

Q10 自己要工作，狗狗自己在家，这样会影响与狗狗的关系吗？

A11 一天之中，狗狗睡觉的时间比较长，因此我们在和爱犬共同相处的时候，尽可能制造更多和它们在一起共同生活的时间，比如在我们睡觉之前，可以用刷子梳理它的身体确认健康情况，回到家之后马上就跟它们进行玩耍。只要我们控制好时间，就可以让我们和狗狗以一种良好的状态度过每一天，做到在有限的时间内尽情地玩耍。

Q11 是否需要零食，宠物医院的医生是怎么说的呢？

A10 很多宠物医院的医生都不建议给狗狗吃零食，因为这会增加它们一天所摄取的热量，最终导致狗狗肥胖。但是，如果我们可以合理地调整用餐量，就可以避免肥胖的发生。但是，在教育以及训练的过程当中，使用零食可以提高狗狗的积极性，是非常有效的工具。同时，也可以通过零食吸引它们的注意力，并在狗狗根据指示完成动作之后给它们一些特殊的零食作为奖励，都可以产生很好的效果。

Q12 饲养狗狗需要全家共同培育吗？

A12 每天照顾狗狗，给它们喂食，自然而然就会和狗狗产生深厚的感情。因此，对于狗狗而言，家里的妈妈是非常重要的人物。妈妈和它们共同相处的时间较长，狗狗自然会对她产生依赖的感觉。为了让狗狗成为家庭重要的成员，全家都要动员起来，我们可以让爸爸带它们去散步，晚上让孩子给它们喂食，全家共同分担养狗狗的任务。但需要注意，不要让狗狗的脑中形成固定的人做固定的事，要不断变换角色照顾它们。

Q13 和贵宾犬一起生活最重要的事情是什么？

A13 心怀爱意地和它们共同生活，尽心去呵护狗狗，努力去理解它们的心情，这样一来，我们就能够慢慢理解它们为什么喜欢这件玩具，喜欢吃哪种东西，不擅长哪件事情。通过这样的方式，读懂不会说话的狗狗的心情，回应它们的需求，逐渐和狗狗形成难以动摇的信赖关系。当与狗狗的牵绊越来越深的时候，就是你们最美好的时光了。

图书在版编目（CIP）数据

和爱犬一起生活．贵宾犬 / 日本爱犬之友编辑部编著；邓楚泓译．-- 石家庄：河北科学技术出版社，2019.3
ISBN 978-7-5375-9814-9

Ⅰ．①和… Ⅱ．①日… ②邓… Ⅲ．①犬－驯养 Ⅳ．①S829.2

中国版本图书馆 CIP 数据核字（2018）第 277406 号

和爱犬一起生活：贵宾犬

日本爱犬之友编辑部◎编著　邓楚泓◎译

策划制作：北京书锦缘咨询有限公司（www.booklink.com.cn）
总 策 划：陈　庆
策　　划：李　伟
责任编辑：刘建鑫　原　芳
设计制作：王　青

出版发行　河北科学技术出版社
地　　址　石家庄市友谊北大街 330 号（邮编：050061）
印　　刷　北京画中画印刷有限公司
经　　销　全国新华书店
成品尺寸　145mm × 210mm
印　　张　5
字　　数　170 千字
版　　次　2019 年 3 月第 1 版
　　　　　2019 年 3 月第 1 次印刷
定　　价　45.00 元